我们的动物朋友

富有想象力的动物学

[奥] 卡尔·柯尼希 ◎ 著

尤 娜 ◎ 译

四川美术出版社

图书在版编目（CIP）数据

我们的动物朋友 /(奥) 卡尔·柯尼希著；尤娜译.
-- 成都：四川美术出版社，2022.5
书名原文：Animals. An Imaginative Zoology
ISBN 978-7-5410-5575-1

Ⅰ. ①我… Ⅱ. ①卡… ②尤… Ⅲ. ①动物-普及读物 Ⅳ. ①Q95-49

中国版本图书馆 CIP 数据核字(2022)第 069383 号

© 2013 Trustees of the Karl König Archives
著作权合同登记号　图进字：21-2021-216

我们的动物朋友
WOMEN DE DONGWU PENGYOU

[奥] 卡尔·柯尼希 著　　　尤　娜 译

选题策划	成都三元共学文化传播有限公司
责任编辑	陈　玲
责任校对	袁一帆
特邀校对	邢　飞　陈惠平　张　萍
内文制作	成都市金牛区绿之光平面设计部
责任印刷	黎　伟
出版发行	四川美术出版社
	（成都市锦江区金石路 239 号　邮编：610023）
成品尺寸	170 mm×230 mm
印　张	12
字　数	180 千
图幅数	22
印　刷	成都市金雅迪彩色印刷有限公司
版　次	2022 年 6 月第 1 版
印　次	2022 年 6 月第 1 次印刷
书　号	978-7-5410-5575-1
定　价	78.00 元

著作权所有，违者必究

卡尔·柯尼希（Karl König），1962年卡洛·皮特斯纳（Carlo Pietzner）摄

编者序 / EDITOR'S PREFACE

在现在这个知识时代，学会欣赏世界的智慧是一种良好的态度。一些未经计划的事情却发生在恰当的时间，这也是令人惊叹的。2022年版《我们的动物朋友》就经历了这样的奇迹。2007年，在新的卡尔·柯尼希作品集开始筹备时，本书就已经计划进行新版本的编辑，甚至十分紧迫，因为这本书的需求量很大。但是，由于有其他的作品需要优先修订和出版，这项工作便被推迟了。现在，仿佛是"碰巧"一般，这本书恰好赶上了新冠肺炎疫情时期，同时也是气候、环境和物种保护成为世人关注焦点的时候。这本书最初问世于《寂静的春天》[①]的时代，而现在，各国的环保组织也正在呼吁民众重视与自然的和谐相处。最终，新版在此时问世，使得本书能够为应对我们这个时代面临的挑战做出贡献。

在日益严重的环境问题、全球灾难和物种灭绝面前，人类似乎无能为力。迟早有一天，人类会无法逃避反思和行动的召唤。突然间，每个个体的生存都受到了影响。在物质经济时代，人类开发世界上一

---

① 蕾切尔·卡森：《寂静的春天》，商务印书馆，2020年。这本书通常被认为是奠定了现代世界环境保护主义的基础，也是20世纪最具影响力的书籍之一。然而，鲜为人知的是，这部作品的写作与卡森在美国从事生物动力农业的人智学朋友卡尔·亚历山大·米尔有关，米尔加入了卡尔·柯尼希的生物动力农业运动，他在1963年圣诞节的康复村杂志上评论了《寂静的春天》，柯尼希在《门槛上的人们》一书中做了相关的介绍。

切可以开发的资源，例如：沉睡在地球上的物质、土壤肥力、植物和森林、动物……一直到人类自身。

如果人类长时间深入思考了从动物向人的演化，正如19世纪以来的情况，那么这种想象中的亲缘关系就会以某种特定的、同时也是悲剧性的方式塑造人类。正如马克斯·弗里施的戏剧《安道尔》(Andona)所隐喻的，只要足够多的人将某种想法奉为圭臬，那么思想和观念就能改变个体与社会，人类在某些方面确实已经非常接近动物的世界了，但是看待动物的态度与柯尼希所说的"兄弟关系"大不相同。"物竞天择"的观念越来越深入人心，并塑造了现在的人类社会。柯尼希想通过对他的动物朋友们的描写唤醒我们对人与动物的共同起源和共同目标的认识，使我们重新找到人与动物可以如兄弟一般携手共进的道路。

人类已经如此接近动物的世界，破坏它们的自然栖息地并将其据为己有，同时将动物的行为方式引入人类的世界观之中，以至于人类无法对动物产生人与人之间的那种同理心、那种"同气连枝"的感情，而动物携带的病毒却跳到了人类身上。因此，我们才陷入今天这种困境。

前途看似无望就应该放弃吗？在不久的将来，会不会有大批富豪到其他星球上寻找栖息地？我们能否找到积极改变人类生存状况的起点？

发展思维的活泼性和形象性，是当前的基本需要之一。卡尔·柯尼希是一位思维活泼、富有想象力的伟大导师；拥有一种能够突破迄今为止的人造界限，提升生命力和寻求真正道德的力量。如果带着客观的思维沉浸其中，《我们的动物朋友》一书中的系列文章可以作为一个值得借鉴的例子。

因此，我们立刻意识到，现在就是再次向广大读者推广《我们的动物朋友》的正确时机。《我们的动物朋友——神话与演化中的人与动物》这一德文版书名可能已经提前激发了人们的疑问，但也恰恰反映了柯尼希的意图以及他的工作方法：我们从他的解释中了解到，在神话中隐藏的并不是老套的方法，而是具有独立思考能力的人类针对演化问题提出的新方法。这可以帮助我们克服传统的思维方式。这样一来,就逐渐出现了人与动物共同演化的观点,使我们与动物界的真正亲缘关系具体化。这样一来,"兄弟"行为就可以通过"心生认知"实现,这是柯尼希希望人类未来应具备的一个基本条件。①

这些文章的贡献远远超出了研究的范畴,可以使人与自然界——尤其是动物王国——建立起一种全新的关系。

弗里茨·格特在1967年该书第一版的序言中说到,卡尔·柯尼希在与他的谈话中聊到了"未来的动物学"。

格特是柯尼希的朋友和出版商,他本人也被这些对动物的描述所打动,因此一再敦促柯尼希继续写作,柯尼希也确实这样做了,直到他1966年去世。随后,格特自己作为编辑完成了当时仍不完整的《马兄弟》一文。在这篇"后记"中,他写到了思维在未来的"演化":

> 思考的品质决定未来的工具:是会消灭人与自然,还是带有疗愈本质。未来人类社会是有序还是失序,也取决于思考的品质。

柯尼希孜孜不倦地写作,特别是在他生命的最后十年。此外,他创建了已发展到全球的康复村运动(照顾特殊需求群体),还在世界范围内担任演讲者和顾问。定是时代的风气让他明白了,他的方法、他的目标、他打动人心的方式在当时已经弥足珍贵,但在未来将更加重要——也许只有在更晚些时候,它们才因其重要性、实践指导意义和社会效益找到合适的土壤。正是在他人生的最后十年(1956年至1966年),这11篇带有十余幅动物图片的文章应运而生。

自1967年以来,《我们的动物朋友》的几个版本(也是平装本)已经以德语出版,并被翻译成英语、法语、西班牙语、俄语和中文。根据约翰内斯·F.布劳克尔和沃尔夫冈·沙德提供的新的科学研究成果,我们在本修订版中对文本进行了修改,其中简单的修改大部分以

---

① 参见卡尔·柯尼希:《特殊需求的孩子——关于治疗教育的信件和文章》,卡尔·柯尼希研究院,2008年。

注释形式添加。

  我们特别感谢英国自然画家和绘图师斯蒂芬·沃尔顿为这个版本绘制插图。因为艺术在未来通往心生认知的道路上具有重大作用，所以它应该在这里占据应有的地位。

理查德·斯蒂尔

2022 年 3 月

前　言 / PREFACE

你从我面前引导着生物的雁行，
指点我在空中、水底和幽静的林莽，
认识同胞万类的群像。

——摘自歌德《浮士德·森林和洞窟》

《我们的动物朋友》一书，如果从原来的德语书名直译过来，本应译为《动物兄弟》。这部作品的独到之处在于，卡尔·柯尼希不仅呈现出了我们周围肉眼可见的世界，用通俗的科学视角描述了它，同时还运用了"心生（heart born）认知"——一种刚刚发展起来的认知方式。这种真正的歌德式精神成果就活跃在柯尼希的观察、判断和描述方式当中，而这种特殊的智慧之光也照进了本书每一章所描绘的动物王国。这种特定的"心生认知"模式的特点体现在每一个主题的阐述过程中。卡尔·柯尼希在他人生中最后十年写下了这些文字，这是他终生奋斗的成果，萌芽于他的青年时代。在青年时期，他就已经能够清晰地指出自己未来的工作内容：将科学的精准性与精神认知和信仰（religion）奉献联系在一起。他个人道路的特点就隐藏于他的研究方法中潜在的精神情绪和他在自然科学研究中所流露的博大的悲悯之心。

卡尔·柯尼希在童年时期就已经拥有强烈的社会责任感，作为医师和治疗教育家，他终其一生都孜孜不倦地疗愈大众。虽然这些都是针对人类的事业，他的注意力却是全面的，他一直都清楚疗愈整个大自然的必要性。他对动物的爱以及与动物的同胞之情从未消失过。他的母亲在1966年撰写的回忆录中记录了一段小插曲，很好地诠释了他的这种品质：

> 有一次，我的儿子一整夜都没有回家。我们还以为他留宿在伯格尔家了。第二天一早，他回来了，看起来衣衫不整，脏兮兮的。
>
> "你去哪儿了？"
>
> 他回道："去了趟警局。"
>
> 为什么呢？原来他在城市公园里做了一段演讲，是有关动物被虐待的。市政府部门搜捕了所有的流浪狗，将它们残忍地丢进了一辆拖车……它们的嚎叫声惨绝人寰。于是，我的儿子就在公园里对此发表了演讲。①

卡尔·柯尼希于1902年生于维也纳。他对哲学和科学真相以及对追求真正同胞情谊的社会革新的孜孜不倦的探索植根于他内心。18岁那年，柯尼希经历了青年奋斗时期的顶峰。

柯尼希这样形容他在维也纳大学的求学之路上的经历。出于学校的要求，他必须先学习一年的拉丁文。在此期间，他学习了植物学、动物学和生物学的课程，以及物理学、化学和高等数学。另外，他还坚持学习自己在青年时期就已经开始涉猎的诗歌和音乐。他尤其喜欢贝多芬（Beethoven）、布鲁克纳（Bruckner）和马勒（Mahler）。他本人也喜欢弹钢琴，因此音乐是他学习的重要部分，他甚至考虑过把乐队指挥作为职业发展方向。但最终，出于对人类的强烈兴趣以及治愈人类的决心，他选择了学医。从学习伊始，他在看待人类时就从未脱离社会环境这个大背景。

---

① 贝尔塔·柯尼希（Bertha König），《我的童年和生活记忆》（Meine Kindheits-und Lebenserinnerungen）。

前　言

此时，他还接触到了歌德（Goethe）的科学著作，而之前他一直以为歌德只是一位伟大的诗人。于是，在通过自己的思考掌握了自然科学之后，柯尼希开始在自然科学的语境中领悟生命存在之真正的意义：

> 歌德的植物学和人类学、形态学的描述对我来说如此重要。我恍然大悟：这些可能就是指引我找到答案的方法。在歌德对自然的理解中，我遇到了某种唤醒我思维的东西。现在，解剖学、胚胎学和组织学的研究第一次使我每天由衷体验到深刻的欢愉。骨头和肌肉向我展示了一个新世界。变形这个观点深深地吸引了我的注意力，我由此了解到大自然的鬼斧神工。我还开始领悟同一性——绝对的"同一"——它存在于这些自然创造之力和我们的思想之间。在外在的自然界中，这些创造之力将所有的有机态塑造成形，而在内心中，它们创造了我们的思想和观念。[①]

柯尼希自己的世界观就这样在充满精神的宇宙和地球动植物的自然生命之间形成了。在这些研究中，他的关注点一直放在胚胎学和演化学中的人类发展问题上。他在那时所追寻的深刻问题使我们想到在100多年前的1827年，查尔斯·达尔文（Charles Darwin）所面临的类似的问题，这两人的命运是如此的相似。然而，达尔文决定摒弃之前一直扮演着重要角色的所有艺术活动，以便全身心地投入到自然科学的研究中。[②]

在学习期间，柯尼希还在胚胎学研究所工作了三年。我们在他的日记中发现了这段记录：

> 我学习了严谨的研究方法，并且教会了几百个学生如何使用显微镜。不过，最重要的是，我完全熟悉了人类胚胎的

[①] 泽尔格，《柯尼希：我的任务》（*Karl König: My Task*），18页。
[②] 查尔斯·达尔文，《自传》（*Autobiography*），112页。

构造和发育。①

主要的系统发育规律和个体发育规律吸引了他的注意力，使他觉察到人类和世界演化的共性层面。他在现存的动物形态中看到了人类演化的早期阶段，当时动物依然带着很久之前的共同成就阶段的特征，即它们是人类的同胞而非祖先。秉持着这样的观点，柯尼希开始了对动物的研究，他在临死前写的最后一篇文章也是关于动物的。他为这篇文章起名为《马兄弟》，于是在他死后，这本书被命名为《动物兄弟》。这个词语象征着一种在今日需要用新的意识水平重新拾起的法则，柯尼希终其一生通过许多方式研究着这个法则。在古代神话中，人们以特殊的方式体验着动物，他们把动物当作植物和人类之间的存在。鲁道夫·施泰纳（Rudolf Steiner）对此作了简短的描述：

> 任何深入探究的人都会发现，植物就像倒着的人类。它们的根扎入地下，茎、叶、雄蕊和雌蕊则向上生长，雌蕊和雄蕊分别组成了雌性和雄性授粉器官。植物天真地将自己的授粉器官向着太阳打开，因为阳光能够刺激授粉。事实上，根部是植物的头，植物的授粉器官向上延伸，头部则被吸入地下。而人类恰好与之相反：人的头是向上长的，植物朝着太阳生长的器官在人类身上则向下生长。动物就在两者中间，它们的身体是水平生长的。植物旋转九十度就到了动物所处的位置，而旋转一百八十度就到了人的位置。②

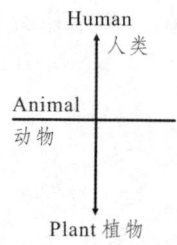

---

① 泽尔格，《柯尼希：我的任务》，21 页。
② 施泰纳，《创立精神科学》（*Founding a Science of the Spirit*），1906 年 8 月 30 日的演讲。

前 言

鲁道夫·施泰纳频繁地谈到自然领域的这个背景，尤其在1905年到1906年这段时间。例如，他在巴黎所做的巡回演讲《深奥的宇宙学》中提到了一件柯尼希会感兴趣的事情：

> 假设有这么两兄弟，一个又帅气又聪明，另一个又丑陋又愚钝。他们的父亲为同一人。如果有人认为这个聪明的孩子是他那个傻瓜弟弟的后代，我们会怎么看待他们的想法？人类和动物有一个共同的祖先，动物代表了这个共同祖先的退化，而这个祖先的进化则体现在了人类身上。这是值得我们骄傲之处，正因为有更低级的物种，更高级的物种才得以进化成今天的模样。①

紧接着，鲁道夫·施泰纳提到了谦逊的品质。我们在卡尔·柯尼希有关动物的写作所营造的氛围中就能感受到这样的姿态，他所写的最后一篇文章《马兄弟》，这个标题将这种谦逊体现得淋漓尽致。

在卡尔·柯尼希的笔下，动物常常是充满了宇宙生命物质的生物。这很接近歌德在著作中创立的变形理论，它描述了通过从植物形式向上到动物再到人类形式这三个阶段进步的、具备"典型"特征或原型的生命力量。

1970年，歌德在自己的日记中这样写道：

> 我越来越确信，我们确实能观察到一个总的原型通过变形的方式一路贯穿万物，以中间阶段展示它的数不清的形态，而在它最高的层面——人性当中，即便它已彻底改头换面，我们依然能够辨认出它。②

这些定义了自然科学中的歌德主义的最核心内容，使身为年轻学

---

① 施泰纳，《深奥的宇宙学》(*An Esoteric Cosmology*)，1906年5月26日的演讲，9页。
② 歌德，《日和年》(*Tag und Jahreshefte*)，1790年。

生的柯尼希能够理解，并且在他的余生都在寻求进一步发展它。他对动物学的兴趣之深甚至还反映在他的藏书类别上，他有大约 200 部与动物有关的书，在很多书的页边都留有他的手写批注。

不过，卡尔·柯尼希一生最重要的成就并非他的著作，而是创立和发展了康复村（Camphill）运动。这项运动于第二次世界大战期间在苏格兰开始，现在已经传播到了世界各地。运动刚开始时，关注点着眼于需要特殊关照的儿童、青少年和成年人，探索能够作为疗愈基地的社区形式。与此同时，柯尼希还在追求源于新精神性（spirituality）的社会改革。他与来自维也纳的年轻朋友们一起开展这项工作，这些朋友都是他的青年组织的成员，他们从他这里了解到了人智学。

在柯尼希当时的众多朋友和同事当中，必须提到的是欧根·科利斯科（Eugen Kolisko），他与柯尼希在青年时代相识于维也纳。1920 年，在鲁道夫·施泰纳的建议下，埃米尔·莫尔特（Emil Molt）请科利斯科到位于斯图加特的第一所华德福学校担任医师，施泰纳使科利斯科对动物王国分类的宇宙法则有了重要的洞见。而且，在柯尼希和科利斯科之间牵线搭桥的不只是医学和动物学，他们二人有许多共同的兴趣爱好，比如农业、营养和社会问题。在 20 世纪 20 年代至 30 年代，他们时常一起组织研讨会。1939 年，他们以避难者的身份在英国重遇了。然而，科利斯科于 1939 年 11 月英年早逝，使二人重新合作的希望破灭了。

1930 年，科利斯科出版了《十二类动物》一书，阐述了动物和十二宫之间的联系，这对柯尼希的工作具有重要意义，促使他写出了这些文字。虽然柯尼希刚刚抵达苏格兰，忙于柯克顿的新社区（康复村的前身）的工作，他还是在 1939 年至 1949 年期间就同一主题写了三本小册子[①]。他的笔记本中记录了多达 100 页的思路，这些可能写于他每周前往敦提的列车上。他要在敦提为获得英国医学学位做准备，因

[①] 柯尼希，《十二宫动物顺序》（*Die Ordnung der Tiere im Tierkreis*），全三册。

前　言

为他在维也纳获得的资质未能获得认可。虽然困难重重，但完成这部动物学著作对他来说至关重要。他后来在很多演讲、课程和研讨会中对其进一步地深化和区分，一直到1963年为医师和优律司美艺术家举办的一个医学研讨会。① 和这部著作一样，柯尼希有关动物的所有写作都是他工作方式的完美例证：他对主题领域有着深刻而广泛的理解，能用丰富的想象力看透主题，这些只有利用"心生认知"才能够做到。② 当柯尼希只有七岁时，鲁道夫·施泰纳曾在维也纳这座城市说道："其他的能力，比如'心生认知'会在人类的内心发展。"③

就这样，柯尼希能够为很多人提供进入更深层次体验的途径，尤其是通往动物王国深层次体验的大门。他的方法可以为我们所有人指明方向，尤其在动物领域，他是一个向导，各种受教育程度的人都能受到他的指引。我们听到很多与他同时代的人的描述，他那丰富的想象力如何牢牢地吸引着参加他演讲的听众，赋予他们灵感，在他们脑海中创造画面；他常常谈到动物，这时，他的举手投足都能让听众感受到大象或者其他的什么动物仿佛就在眼前。

卡尔·柯尼希在临终前的日子里仍笔耕不辍，他还在写最后一篇文章——《马兄弟》；他的手稿第48页只有"后记"这个标题！幸而德语版第一版的编者弗里茨·格特（Fritz Götte）与柯尼希有着紧密的联系，我们才得以窥见柯尼希本来可能会写下的文字。格特利用大量柯尼希本人的笔记为这本书收了尾，在那个版本的前言中，他讲述了1959年他与柯尼希的谈话，他们最后达成一致，柯尼希应继续写完自己已经开始的系列：

> 然后，一个灵感闪现，我们应该在心中构造一艘"挪亚方舟"，试着拯救尽可能多的动物，避免它们因人类的行为而濒危，甚至灭绝。

---

① 柯尼希，《动物和它们的命运》(*The Animals and Their Destiny*)。
② 有关这种具有想象力的思考能力，参见柯尼希，《卡斯帕·豪泽与卡尔·柯尼希》(*Kaspar Hauser and Karl König*) 中理查德·斯蒂尔（Richard Steel）的话："这是一片我们现在能用直觉感受的土地。"
③ 施泰纳，《宏观与微观》(*Macrocosm and Microcosm*)，1910年3月31日的演讲。

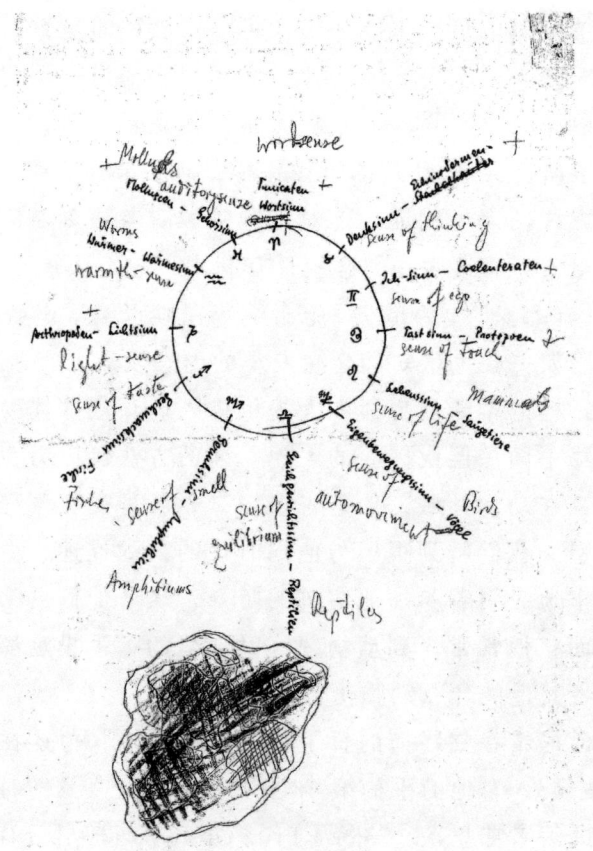

卡尔·柯尼希笔记本中的一页

这番言论发表于蕾切尔·卡森（Rachel Carson）开创性的著作《寂静的春天》出版之前三年，却从未过时，一直与现实息息相关。

伊曼纽尔·克拉兹（Imanuel Klotz）

目 录 / CONTENTS

第一章　海豹的起源 …………………………………… 1

 动物的迁徙 ………………………………………… 1
 一年为期 …………………………………………… 5
 栖息地和起源 ……………………………………… 8
 神　话 ……………………………………………… 12

第二章　企鹅的生活 …………………………………… 14

 南极栖息地 ………………………………………… 14
 是鱼？是鸟？ ……………………………………… 17
 不会飞的鸟 ………………………………………… 19
 年周期 ……………………………………………… 21
 企鹅生命中的两个高潮 …………………………… 24
 企鹅存在的目的 …………………………………… 26

第三章　鲑鱼和鳗鱼的迁徙 …………………………… 28

 迁　徙 ……………………………………………… 28

相反的生命周期 …………………………………… 31
　　光的作用 …………………………………………… 35
　　鲑鱼和鳗鱼的进化 ………………………………… 41

第四章　象 ………………………………………………… 46

　　象的形象 …………………………………………… 46
　　生理和外表 ………………………………………… 48
　　象的特征 …………………………………………… 50
　　团体意识 …………………………………………… 53
　　起源与迁徙 ………………………………………… 55
　　人与象 ……………………………………………… 58

第五章　熊部落的神话 …………………………………… 61

　　神话中的动物 ……………………………………… 61
　　熊家族 ……………………………………………… 63
　　多样性和易变性 …………………………………… 65
　　熊的天性 …………………………………………… 66
　　人类对熊的态度 …………………………………… 69
　　经典意象 …………………………………………… 72
　　熊与不同地域的文化 ……………………………… 74

第六章　天鹅与鹳 ………………………………………… 78

　　鸟的世界 …………………………………………… 78
　　觅食和筑巢的习惯 ………………………………… 81
　　天　　鹅 …………………………………………… 84

鹳 ··· 87

天鹅和鹳的讯息 ··· 90

第七章　鸽子 ·· 94

历史中的鸽子 ·· 94

野鸽与家鸽的习性 ·· 95

进食与飞行 ·· 97

嗉囊与喉咙 ·· 98

鸽子和语言 ·· 100

第八章　地球上的麻雀 ···························· 101

麻雀的生活 ·· 101

筑巢和习性 ·· 103

麻雀与人类 ·· 107

圣诞故事 ··· 109

第九章　海豚——海的儿女 ···················· 111

当代人的兴趣 ·· 111

鲸家族 ·· 113

海豚的水中生活 ··· 114

感　官 ·· 116

大　脑 ·· 119

海豚的天性 ·· 121

神　话 ·· 125

第十章 人类的伙伴——猫和狗 ············ 128

猫和狗的天性 ············ 128
猫和狗的特点 ············ 131
毛与皮 ············ 135
雄性化的犬科动物和雌性化的猫科动物 ············ 139
猫、狗和人体组织 ············ 142
狗和猫的起源 ············ 144

第十一章 马兄弟 ············ 146

介　绍 ············ 146
有蹄类动物或草场动物 ············ 149
马与有蹄类动物 ············ 152
蹄子和四肢 ············ 155
马的步态 ············ 160
人与马 ············ 163
神话中的马 ············ 169

第一章 海豹的起源

动物的迁徙

整个动物王国都被迁徙的冲动持续地驱使着。几乎在所有的动物家族和种群中,迁徙和回归都是它们存在的必要组成部分。不过,迁徙的旅程可长可短。有的种群穿越海洋,有的横跨大洲。

迁徙的形式千差万别。鸟儿的迁徙绵延千万里;有些蝴蝶能飞越高山;驯鹿在极北之地往来穿梭;鳗鱼生于马尾藻海,然后向东迁徙,沿欧亚大陆的河流溯游而上;鲑鱼的迁徙路径恰好与之相反,它们从河流游向海洋；飞蝗毁灭途经的一切，铺天盖地、成群结队地飞过广袤的大陆；匍匐前进的蚁群也聚成惊人的数量跨越大洲。

鲱鱼的迁徙，鲟鱼、海豹、海狮和企鹅在特定季节的出现以及在长期或短期停留后的消失，也呈现了永不停息的迁徙过程。

这种漫游与迁徙最初到底存不存在一个共同的诱因呢？这是非同寻常的复杂现象，它的出现依赖于千变万化的条件。每一个物种都拥有自己的迁徙模式，它就像每个物种的身体和牙齿构造一样具备自身独有的特点。有些物种的迁徙具备季节性规律；有些则遵循月亮的周期。交配和生殖期常常与迁徙密切相关；也有些游牧动物追随食物来源而迁徙；还有些物种突然被迁徙的热情抓住，像斯堪的纳维亚半岛上的旅鼠一样直接走向死亡。当我们试图在这多样化的现象中找出迁徙的关键特征时，我们发现，唯一的方法就是将迁徙的概念定得尽可能宽泛。我们对这个现象了解得越详尽，它的关键特点就越是清晰地展现出来。

蜂巢本来在数周内都维持着正常的运作，蜜蜂们收集花粉和花蜜，照顾幼蜂，年轻的蜜蜂学会履行职责。但是有一天，它们突然被一种普遍的不安笼罩，所有的常规都被打破了。觅食活动已经停滞好几天了；王台，也就是未来的新蜂王破蛹而出的地方，被严密守卫着。然后，在短期雨水过后，阳光普照，蜜蜂开始成群地飞出蜂巢。老蜂王和一大批年轻的蜜蜂离开这个蜂巢，聚到一起飞走，去寻找新的蜂巢。

挪威旅鼠是一种田鼠，能在高原和北方高山的荒野上生存数年，它们独立，行踪隐蔽，害羞胆小。不过，如果某年夏天，旅鼠家族繁殖过剩，过多的幼鼠活跃在荒野，迁徙的冲动就会征服它们。它们成百上千地聚集起来，吵吵嚷嚷，极具攻击性。它们越过山林灌木，跨越溪流，穿过峡谷，在拥挤的队伍里摩肩接踵，令彼此窒息。它们常常一路向西，直到抵达海岸线才停下，最后，毫不犹豫地跳入海洋。

离开南极海岸数月的企鹅好像被魔法棒点了一下，突然现身了。几百只企鹅从海洋中涌出，一个紧接着一个上了岸，占据了陆地。它们在这里建构了自己的家园——石头环绕的坑或小洼地。它们在这里产下企鹅蛋，孵化出幼雏。当小企鹅学会游泳后，企鹅们又回到海洋中，消失不见。没有人知道在一年中的其他时候它们到底身在何处。

除此之外，还有许多其他的例子。在每个例子中，我们都能看到，伴随迁徙的出现，其他的因素也显现出来。个体生物聚在一起组成或大或小的团体。鸟类、鱼类、昆虫……它们靠拢在一起，朝着共同的目标前进。

人们赋予了这种行为许多不同的解释。每一种理论都包含了一部分真相，但是没有任何理论能涵盖这个现象的所有方面。诚然，饥饿、性本能和对死亡的预知都在其中扮演了角色。但是，是什么把这些绑定在了一起呢？是什么促使动物个体去寻求与同类的共同特质，并且和同类一起走上迁徙之路？为什么成千上万的企鹅，数以万计的海豹，数百万的鲱鱼、鳗鱼和沙丁鱼突然聚集在一起？有些物种聚在一起迁徙，有些则成群结队在某些特定的地方安顿下来。

我们能否凭直觉获知动物迁徙之时到底发生了什么？当然，你可以尝试将其归因于腺体功能、本能的突然觉醒，或者其他的什么。但是，腺体功能的变化、本能的觉醒，都是因为一种更高层面、更强大的东西在整个物种当中扩散，并改变了它们的行为。

当一群鸟儿在秋季开始迁徙，也可以说南飞，它们身上发生了什么呢？一种突如其来的躁动笼罩着它们，它们聚集在一起，开始旅行。当自由的候鸟开始迁徙时，它们那被关在笼子里的同类也会经历同样的骚动。鲁肯（Lucanus）写道：

> 狂躁的囚徒在笼子里不知疲倦地拍打着翅膀，常常把自己的羽毛损坏得面目全非……这完全证明了驱动候鸟迁徙的并非外在诱因，而是一种强大的驱动力彻底掌控着它，它无法选择反制或是改变这种力量。候鸟之所以迁徙，是因为它们别无选择！[1]

---

[1] 鲁肯，《候鸟和鸟类迁徙》（*Zugvögel und Vogelzug*）。

那么，鸟为何必须迁徙呢？因为所有的生物，包括人类，都拥有特定的生命节奏。人类对于旅行的渴望和对知识的探寻是不能和动物的迁徙冲动相提并论的。但是，这个错误观点持续不断地阻碍着通往真知灼见的道路。动物的迁徙与回归，就如同人类入睡和醒来。

准备南飞的鸟经历了一种知觉的改变，它们必须臣服于这种改变。一种入睡和夜晚的感觉笼罩着它们。然后，它们开始梦到南方，每一种鸟都拥有属于自己种群的共同梦境，在这种梦境中，所有的同类聚集在一起，然后找到自己的道路，像梦游者一般前往梦中的国度。它们的行为全部发生了变化。鲁肯讲述道：

> 在库尔斯沙嘴，我常常能观察到迁徙的游隼和雀鹰经过鸫、椋鸟、雀或者其他小鸟的栖息地，但是它们没有任何捕猎的欲望，而其他的小鸟也完全不会留意这些本应该令它们害怕的掠食动物。这些游隼和雀鹰只是继续它们的空中旅程，丝毫不会改变自己的飞行路线。

对于这种现象，只有一种合理的解释，那就是所有这些鸟，不论是掠食动物还是猎物，都成了梦游者。它们进入了轻度睡眠状态，在南方逗留时，它们会一直沉浸在睡眠中，直到回程之日的黎明到来。然后，它们就开始奋力回到自己的家园，回归属于白昼的日常——筑巢、孵蛋、养育后代。这些工作完成后，别离之夜和南方之梦又开始召唤它们。

如此，呈现所有动物迁徙的强大背景显露了出来。正如我们人类在地球每日的自转中睡去和醒来，鸟类和动物也服从于一种类似的、但以年为单位的规律。是地球、太阳和月亮的相互影响，而非地球本身设定了它们睡眠和清醒的规律。对于个体物种的群体心魂来说，迁徙和回归是一种入睡和醒来的体验。这种现象的压倒性力量无法单单基于本能、冲动和行为模式做出解释。强大的大自然的节奏穿过个体物种：呼气，它就将它们带离白昼的工作，进入梦境；吸气，它就引导它们回到日常生活。

只有当我们看到这些大自然的节奏时，我们才能彻底理解海豹的生活。这个蕴藏着无数秘密的庞大的动物种群，被这种规律以特殊的方式控制着，接下来我们将详细地阐述。

一年为期

大部分海豹的生活主要在迁徙和休息之间切换。还有一个事实也体现着这个生命的周期：海豹一段时间生活在水中，另一段时间则生活在干燥的陆地上。周期的长度根据种群的不同和环境的差异各不相同：有些会有一半的时间待在陆地上，而有些只在陆地停留数周。

所有的海豹都将幼崽产在陆地上，它们从不在水中产崽。在产崽之后，交配也很快在陆地上进行。脆弱的幼崽完全依赖海豹妈妈的照顾，它们要过一段时间才开始在妈妈的引导下前往大海。它们在海岸上的小水池中学习游泳技能，直到对水应对自如。然后，它们就迎来无边的海洋，当再次回到陆地时，它们已经成年了。

年幼的海豹成长和发育的速度很快。那些长乳牙的海豹会在出生前或出生后短时间内脱落乳牙。海豹幼崽的体重每天增加大约 1.5 千克（3 磅）。所以，年幼的海豹长得很快，出生后一个月就能断奶。[①]

海豹通常每胎只产一崽，而且，如果海豹妈妈在大海中待上一两天，忘记照看孩子，或者没能回来，幼崽就会挨饿。这时海豹幼崽会开始哀嚎，眼泪从它们深邃的大眼睛中涌出。

在断奶之后，海豹幼崽会在海岸上再停留一个月，这期间依然没有妈妈的看护。海豹妈妈们已经对孩子丧失了兴趣，重新开始交配。虽然难以获得任何营养，海豹幼崽依然继续成长。它们的皮毛变了颜色，而当冬季的暴风雨来临，天气日渐寒冷，所有的海豹，不论老幼，都会前往大海。至于它们到底去了哪儿，我们并不清楚，但我们至少

---

① 这只适用于港海豹，有耳海豹和海狮在大约一岁时，也就是在母海豹（或母海狮）产下下一胎之前才断奶。而且只有港海豹早早地换掉乳牙[H. 施利曼（H. Schliemann）在《格奇梅克动物百科全书》（Grzimek Enzyklopädie）第四卷中的言论]。

知道，它们经历了漫长的旅程。之前生活在挪威的海豹曾被发现于第二年出现在瑞典南部、苏格兰和冰岛。大部分海豹会回到它们以前的繁殖场地，而它们的回归遵循着严格的规律。

临近 5 月底，生活在北太平洋、阿拉斯加到堪察加一带的海豹开始出现在它们的繁殖场地。最先到来的是年长、有力的雄性，然后才是更年轻的海豹。整个 6 月，它们都一直在为合适的巢穴争夺不休。每一头雄性海豹都用一些石头和土块将自己的领地圈起来，围成几平方米的区域，它们的怒火和妒火充斥着领地。成千上万个这样的领地彼此相连，而年轻的雄海豹还不能认领筑巢的地方，只能恭敬地待在外围区域。

随后，从仲夏前后到 7 月初，成千上万雌海豹从海中爬出，由雄海豹带领着来到这些领地。雄海豹越是强壮，配偶的数量就越多。在这之后不久，幼崽就诞生了，雌海豹给幼崽喂奶，把它们养大，同时重新开始交配。

在南极地区，即南方海豹的栖息地，也上演着同样的过程，只不过始于 11 月，终于次年 3 月。

在这个过程中，它们的生活节奏变得闲适慵懒，停止狩猎和捕食。雄性海豹之间互相搏斗，到处充斥着爱抚和慰藉。小海豹逐渐长大，开始顽皮起来。所有在这个繁殖地生活过数周的观察者，比如洛克利（Lockley），都沉醉于这奇妙的世界。

在这些地方，海豹之所以来到陆地上，是因为受到太阳运行的影响。当太阳爬上一年中的最高点时，海豹就从海洋中爬出，来到陆地。它们离开海洋，并非因为天气变暖，陆地上的生活环境更好了。太阳将它们从幽深的海水中拽出来，安置在海洋上方充满空气的陆地。这里上演的是一场"仲夏夜之梦"。海豹们被梦中的画面感染，必须追随这梦境的指引。

这与发生在迁徙的鸟身上的情况截然相反。对于鸟类来说，繁育和孵蛋是日常工作；海豹则将这种工作移入了仲夏夜之梦。这种差别对于生物学和地球历史的研究有着重要意义，理应得到比目前更为深入的探究。入秋之后，太阳式微，开始下沉，海豹重新醒来。秋季就是它们的清晨。然后，它们回到海水中，成为掠食动物，开始了日常工作。

这种年度周期还具有另一个方面。在哺乳动物的大圈子内，海豹形成了它们自己的目（鳍足目）。一些研究者将它们列为掠食动物。它们的某些特点和犬类相似。它们的特点和生活方式令人难以将它们列在别的目之下。它们还擅长各项游泳技能。它们动作敏捷，胆大且极具攻击性。在海洋中，它们看似会离群索居，与同类联系并不紧密。它们的动作同时表现出非凡的技巧和柔韧性。

不过，到了陆地上，海豹就变得很笨拙。由于大臂和大腿以短小的形态在皮肤内保留了下来，肢体的剩余部分转化成了鳍状附肢，所以它们的移动非常受限。它们爬行，在地面上支撑和拖拽着自己的身体。它们还放弃了掠食动物的生存方式，像有蹄类动物一样聚成小群体，一头雄性统治着族群，族群中雌性和幼崽的数量不固定，[①]具有与大象相似的社会趋向。

就这样，海豹不仅在海洋和陆地之间来回切换，它们的性情也在掠食动物和有蹄类动物之间转化。在清醒的阶段，它们显得像前者；而在梦境中，它们像后者。

除此之外，海豹的某些特征几乎近于人，或者至少像类人猿一样。海豹妈妈一胎只产一只幼崽，或者，在极少数情况下，产下双胞胎。幼崽会啼哭流泪，甚至长出乳牙。海豹的脸上会露出人类的表情，是因为它们的眼睛又大又圆，头部几乎是个球形。一些种类的海豹，尤其是港海豹，它们的前额超过眼睛，而且鼻部并不十分突出，使得它们的脸看上去就更像人脸了。

我曾在黄昏时刻站在廷塔杰尔（Tintagel）的海滩上，这里离梅林的洞穴很近。大海唱着深沉的歌。就在此时，一只海豹突然从海水中涌现。它一脸好奇地看着我，我们的目光相遇了。我几乎从未与一只动物有过这样直接的眼神交流：它的眼神中没有恐惧，没有羞怯，对一切了如指掌。正是从那时起，我开始参透这些神奇生物的奥秘。

---

① 所有的有耳海豹和海狮都是如此，不过港海豹看起来并没有如此清晰的社会结构。

栖息地和起源

在地球的历史长河中,我们并未找到过海豹的先祖。[1]古生物学所描绘的骨骼和骨骼的印痕显示出与现存的海豹相同的构造:短而粗的肢体、退化的尾部和独特的牙齿结构。这些发现几乎只存在于晚第三纪——中新世和上新世对应的地质层中。

这一事实明确地表明,海豹这一目出现的时间较晚,而且可能是突然出现的。不论它们的遗骸在何处被发现,它们都显示出典型的特征,并不存在更早或中间的阶段。它们就这样在一瞬间以完美的形态横空出世。

起初,人们几乎毫不怀疑海豹起源于陆地这一说法。它们依然用肺呼吸,新生的幼崽无法直接下海生活。目前,我们只能假定所有海豹都是从陆地进入海洋的,然后,凭着梦境中的记忆,每年都在太阳的指引下回到它们的家。

它们寻找的海岸在哪里?这些海豹主要的繁殖地在哪里?最新的调查明确地显示,它们最初栖息的中心是两极地区。北极和南极现在依然是它们的栖息地。[2]

某些种类,比如豹形海豹、某些海狮和象海豹栖息在南极。其他的种类从海洋来到北极周围的许多岛屿和半岛上交配、繁殖,养育幼崽,比如格陵兰岛和冰岛,加拿大北部的东西海岸,以及从阿拉斯加到堪察加半岛和库页岛,在美洲和亚洲之间分布的岛屿。由于海豹在经历仲夏夜之梦时不会进食,贫瘠多石、冰天雪地的极地海岸世界成为它们的栖息地。

然而,一些海豹,尤其是港海豹沿着海岸线一路向南而去。在欧洲,它们有规律地出现在爱尔兰、威尔士和康沃尔。它们有可能现身葡萄牙。有一个种群——僧海豹甚至栖息在地中海沿岸。它们越往南走,出现的年度周期性就越不明显。它们往返于海水和陆地之间,丧

---

[1] 目前发现的最古老的化石属于僧海豹在中新世中期的祖先,港海豹的祖先未被发现
[E. 泰牛斯(E. Thenius)在《格奇梅克动物百科全书》第四卷中的言论]。
[2] 舍费尔(Scheffer),《海豹、海狮与海象》(Seals, Sea Lions and Walruses)。

失了原有的生命节奏。

它们还栖息在内陆海，比如贝加尔湖和里海，而这可能成为解释它们地域分布的关键。也许冰川时代的洪水一路向南倾泻，首先将它们带到那里，并且在洪水退去后它们依然留在那里。①古生物学的发现也支持了这种推断：海豹的骨骼在俄罗斯南部、匈牙利、意大利甚至埃及被发现。

有耳海豹看似来自北方——北极一带。北极附近是它们最早的家，很多有耳海豹至今仍会回到那里。冰川时代向南移动的冰川裹挟着海豹。冰川带越宽，来自北极的动物们被向南推移得越远。南极也是一样的情况，海豹家族的支脉沿着南美洲海岸线向北推进，最远可达巴塔哥尼亚。南非、澳大利亚和新西兰同样是海豹的栖息地。

我们能否用这些仅有的古生物学和地质学的发现拼凑出海豹的全貌，并且用它破译出海豹在地球历史中的背景呢？它们在一次又一次的冰川时代中从北极地区一步步被送到温带，但是极地地区仍然是它们的家。现在，我们离极地越近，太阳的年度周期就越是能控制昼夜规律。地球的日夜被转变为极昼和极夜。在长达几个月的时间里，太阳都不再从地平线上升起，直到春季它才出现，并且在数周内不会再落下。在这里，我们看到了刻在海豹生命节奏中的同样的周期。在极夜时期，下沉的太阳带走了它的海豹孩子，它们一起沉入广阔的海洋。当极昼来临，太阳升起，全球各地的海豹都追随它爬上陆地。所有的海豹都受到这极地太阳规律的影响。正是这一事实首先使我们明白了这些动物的地域分布和生活方式。

海豹诞生的初期历史（我们已通过它们的地域分布和行为模式发现）和它们追随太阳极地周期的生命节奏，将我们带回地球的历史，来到那些在地球和人类演化初期我们能找到的极北之地。那时，将在后来成为人类和自然王国的一切都还处于萌芽状态。鲁道夫·施泰纳曾这样形容：

---

① 今天生活在内陆水域的海豹被认为是在冰川时代从海洋迁徙到内陆的，柯尼希也如此认为[E. 泰牛斯（E. Thenius）在《格奇梅克动物百科全书》第四卷中的言论]。

在那时，人类如同挂在地球母亲的脐带上一般，被地球母亲珍爱和滋养着。简要地说，就如同今天的婴儿在母体内被珍爱和滋养着，人类胚胎在那时也被珍爱和滋养着。①

在这一时期，"由于太阳的远离，雾气冷却成了水"，"水域"由此诞生。人类被大自然塑造成形。

现在，海豹起源之谜逐渐解开。地球的那片区域，至今仍是许多海豹的家，那里曾经也是人类的摇篮。人类的身体曾依赖"地球母亲的脐带"生存。

海豹的形态和构造十分适合在水中生存。如果我们要问，海豹和鱼类有何区别，答案并不难找到。海豹和人类关系更近；它们是哺乳动物；它们至少在陆地上生活时会形成社会关系；它们一胎只产下一崽，然后养育它，即便哺育期只有数周。

相反，鱼类靠产卵繁殖后代，它们常常在水中产下大量的卵；虽然少数鱼类会筑巢，并且照顾幼鱼一小段时间，但它们与哺乳动物之间依然拥有极大的差异，尤其与海豹一目，在身体构造、天性和行为方面差别显著。

鱼类是水中生物，但海豹这一有机体只是适应了水中生活罢了。肢体转化为游泳用的附肢；皮肤下面填充了一层厚厚的脂肪——这成了必要的保暖马甲，而圆润、纺锤状的身体十分适合游泳；耳朵和鼻子在水中能够完全闭合。这些都是海洋居民的特征。

但是，海豹到底起源于何处呢？它们真是曾在陆地生活，后来进入水中的哺乳动物吗？如果果真如此，我们理应至少找到这些海洋居民更早发展阶段的蛛丝马迹——但事实上，海豹在晚第三纪——中新世和上新世以成熟的面貌横空出世。根据瓦克斯穆特（Wachsmuth）的调查，这些地质年代对应着亚特兰蒂斯时代的早期，这意味着当哺乳动

---

① 施泰纳，《埃及神话和奥秘》（*Egyptian Myths and Mysteries*），1908年9月7日的演讲，54页。

物的原始形态开始演化时，海豹已经以完整的形态出现了。①这难道不是互相矛盾吗？难道不需要一个合理的解释吗？

海豹会不会是当时出现的所有哺乳动物的先祖呢？此处的先祖并非进化论意义上的先祖（即一种动物被认为由另一种动物通过遗传和适应的虚幻力量产生），而是先驱——它们保留自己的原始形态——它们原始的肢体和圆润的身体，而不去打磨它们。也许海豹从来都不是陆地动物，因为直到亚特兰蒂斯时代中期地球才变得足够坚硬，使动物和人类能在地面上站稳脚跟。

有了以上这些考虑，我们就能用全新的视角看待海豹的身体：它难道不会让我们回忆起胚胎形式吗？人类的胚胎在两个月大的时候，虽然才25毫米（约1英寸）长，形态和结构却和海豹十分相似。胚胎的肢体还只是无关紧要的残肢；眼睛圆圆的，眼睑大大地张开；嘴巴上还没有嘴唇，像一个狭长的切口。胚胎漂浮在包裹它的羊膜腔的羊水当中。

这是不是地球早期历史的缩影？海豹并未变成鱼，甚至直至亚特兰蒂斯时代早期它们依然待在人类家族当中。它们具有未分化的、胚胎般的身体，在尚未凝结的水球中保持半漂浮、半游动的状态。在亚特兰蒂斯时代的早期，记忆和语言开始形成，人类的祖先（海豹也在其中）迈出自我觉醒的第一步，海豹的衰落由此开始。②它们太快进入稠化的阶段，固化了人类胚胎状的形态。③这就是为何它们在出生时就失去了乳牙，并且只有几周的哺乳期。在此期间，它们生长迅速，很快就独立生活。它们这加速的幼年时期明确地暗示了它们变成动物的过程也十分突然。

海豹见证了人类最初的起源地就在地球早期围绕着北极的极北之地。那里有人类的祖先，也有海豹的祖先，两者完全一样。在远古时代早期，自我意识开始发展，正在演化的人类种族的一部分以

---

① 瓦克斯穆特，《地球的演变》（*Entwicklung der Erde*）。
② 施泰纳，《宇宙记忆》（*Cosmic Memory*）第三章。
③ 柯尼希认为人类形态的演变是一种发生在超感领域而非物质世界的精神过程，然而，如海豹一类的动物已经成为物质演化的一部分，因此不再是人类演化的一部分。

胚胎的形式过早地固化了，它们成为海豹一目。它们是原始哺乳动物，能以胚胎形式繁殖。它们是一种生物学现象——幼态延续的典型代表。

然而，它们不仅保留了胚胎的形态，还保留了与曾经照射在极北之地的太阳的内在连接。在极夜和极昼的规律下，它们依然追随着太阳的运行。它们从来不是真正的陆地动物——事实恰恰相反。它们从远古时代的水中，也就是它们曾突然跳入的水中涌出，试着踏上陆地，此时的地面已逐渐凝固起来。它们的尝试并不是很成功。每年它们都重新登陆，以动人的姿态把自己的幼崽交付于干燥的陆地，但这只是一个梦，流逝和到来一样快。当秋季的暴风雨到来，它们就回到海洋，因为极地的落日在召唤着它们。

这就是所有海豹的命运：作为人类胚胎它们太快稠化，不得不下沉到广阔的大海中。它们到达南极，在那里找到了类似家乡的生存环境。它们一次又一次尝试来到陆地，但总被海水征服。它们是代表了人类演化早期阶段的遍及全球的纪念碑。注视它们的眼睛，我们会看到自己曾经的样子，于是就能模糊地感知我们是如何演化的，以及它们——海豹从未改变的特征。

它们和我们如此接近，因为它们并未像其他哺乳动物一般分化。它们既不是典型的掠食动物，也不是典型的有蹄类动物。它们不是能够令我们联想到远古时代的有袋类动物和单孔目动物，也不像我们所知道的破坏力极强的啮齿动物。

它们和鲸鱼和海豚有关联，不过那些动物另有其他的起源。海豹随后来到那些它们至今仍在繁衍生息的地方。

神　话

因纽特人曾与海豹和鲸类保持着紧密的联系。以前，当海豹或海象被猎杀，得手的猎人要在自己的房子里待上三天。在此期间，他不能进食或饮水，也不能触碰自己的妻子。房中的所有工作都被搁置，寝具不能铺平，鲸脂油灯也彻夜不熄。

三天后,被杀死的海豹的灵魂就自由了,回到母亲的子宫中。然后,猎人日常的生活和狩猎就可以恢复了。海豹、海象和鲸类的灵魂回到伟大的塞德娜(Sedna)女神身边:

> 弗朗兹·博厄斯博士(Dr Franz Boas)告诉我们,海洋哺乳动物的母亲,可以被视为中部因纽特人的主神。他们期望她承担对人类命运的至高统治……她居住在由石头和鲸鱼肋骨筑成的房屋中。人们相信,"海豹、海象和鲸鱼的灵魂都从她的家中出来。当这些动物被杀死,它们的灵魂会在躯体内停留三天,然后回到塞德娜女神的住所,再由她释放出来"①。

因纽特人有无数与海豹相关的仪式和禁忌。

因纽特人认为,血液和死亡包含了那些自我的力量和个性动机,这些是海豹曾经远离的。②海豹的灵魂回到了属于过去的地方,在那里,它们拥有和人类兄弟共同的起源。

然而,因纽特文化认为人类在近几个世纪否认了这种手足情谊。不论在北半球还是南半球,他们都对自己的"兄弟"展开了残酷无情的大屠杀。数百万海豹、海象、海狮、豹海豹和海狗惨遭杀戮,棍棒、斧子、枪支和刀具摧毁了它们的栖息地,许多物种因此灭绝。罪魁祸首不是与海豹紧密相连的因纽特人,而是贪图金钱强取豪夺的现代人类。现在,海豹的数量更加稀少。

拉普·阿斯拉克这样评论道:"你在给海豹剥皮时会发现,它看起来就像一个人。尤其是当你把它肚子朝下放倒的时候。"我们由此能感受阿斯拉克如何领悟到海豹与人之间深深的亲近感。

---

① 弗雷泽(Frazer),《金枝》(*The Golden Bough*)第三卷,210 页。
② 施泰纳,《人文学科说明》(*Geisteswissenschaftliche Erläuterung*)第二卷,1917 年 11 月 2 日的演讲。

第二章　企鹅的生活

南极栖息地

彻丽·基尔顿（Cherry Kearton）在他的著作《企鹅岛》（The Island of Penguins）中写道：

> 在我四十多年来遍历全世界的自然研究生涯中，我从未看到过如此有趣可爱的物种。看着它那滑稽的表情，你会忍不住发笑。但是企鹅岛令我明白，它所拥有的不仅是滑稽。它看起来可能并不总是十分聪明——即便它可能在本能驱使下做出许多特别智慧和谨慎的行为——但是它是正直和忠贞的，它是婚姻生活的典范。①

---

① 基尔顿，《企鹅岛》，10~11页。

第二章　企鹅的生活

所有亲眼见过企鹅，尤其是亲眼见过巴布亚企鹅的人，都会认可上述描述。这些鸟儿是奇怪的家伙。它们无法飞行，但是能在陆地上蹒跚地直立行走，或者用腹部向前滑行。成千上万只企鹅突然从海水中涌出，来到繁殖地点安顿下来。然后，它们就像海岸上的沙砾一样密密麻麻地聚在一起。交配完成几周后，雌企鹅会产下一枚蛋。企鹅夫妇一起承担孵蛋的任务，并且悉心呵护自己的（通常是一个）后代。这些过程是批量完成的，企鹅们在繁殖地摩肩接踵。

小企鹅独立之后，所有的企鹅一起回归大海。

每年，它们都重复着这个过程，唯一的差别在于，不同的企鹅种群有着自己特有的节奏。大部分企鹅在夏季繁殖。然而，帝企鹅却在秋季来到岸上，在冬季孵蛋、哺育后代。巴布亚企鹅甚至一年筑两次巢，时间分别在秋季和春季。不过，它们生活的地区比大部分近亲都更靠近温带。

企鹅是名副其实的南极生物。它们的栖息地遍布南极大陆及其周边海域中的岛屿和群岛。从新西兰经过塔斯马尼亚岛，到凯尔盖朗群岛和克罗泽群岛，以及南非，再到南乔治亚岛、南奥克尼群岛和南设得兰群岛，这一整片区域都是企鹅的繁殖场地。冷洋流甚至将它们带至赤道上的加拉帕戈斯群岛。[1]北极地区则没有企鹅的身影。

这个现象值得注意，因为很少有动物有着如此泾渭分明的栖息地。我们该如何理解呢？北极地区和地球其他地方并不相似，在这里昼夜以年为单位，因为太阳每十二个月里只升起一次，也只落下一次。永久性的冰川覆盖了南北两极，但是在这冰川之下，两极的实质完全不同。

> 北极地区是个巨大的海盆，被大陆的海岸线包围着，星星点点的岛屿从中耸起。相反，南极是一片大陆，是被海洋包围的一片高地。[2]

---

[1] 今天我们认为它们倾向于待在恒温的地带，因为它们的脂肪层和高度隔热的绒毛都无法承受温度的变化。

[2] 班斯（Banse），《地理景观》（*Geographische Landschaftskunde*）。

这就是地球两极的基本差异。接下来的描述进一步清楚地解释了这种差异：

> 北极位于深海之中，这片海域的面积和欧洲一样大，北极极点的深度达到 4200 米。与之相反，南极极点是一片大陆的中点（至少大约位于中点），这片大陆的面积是欧洲面积的二分之一。南极洲坐落在高原之上，海拔大约 2900 米。就这样，亚洲、欧洲和美洲大陆几乎在北极形成了一个闭环，环绕着宽阔幽深的海洋盆地，而地球的第六大大陆——南极大陆则遗世独立，位于 5000 米深的大洋之中。大西洋、太平洋和印度洋一起汇入了这片深不可测的大洋。[1]

如果我们把南北两极的画面刻画得更清楚，会看到北冰洋有 4000 米深，而南极大陆海拔约为 3000 米，它们之间的高差为 7000 米。另外，在北方，海岸围绕着海洋，而在南方，大陆被海洋包围，对比就愈加明显了。北极是镶嵌在大陆海岸中间的海洋，而南极是被大海不断冲刷着的陆地。

海洋和岛屿是塑造地表面貌的两种基本形式，正是它们创造了千变万化的地貌。岛屿的原型就是南极大陆，海洋的原型就是北冰洋。构造之力由这两片区域流入地球的每个角落。在某种意义上我们几乎可以说，所有的岛屿，不论位于何方，都是南极大陆的孩子；而所有的海洋，不论面积大小，都是北极盆地的杰作。

每一座岛屿都是周围的海水浓缩、结晶而成的一块陆地。液体中活跃的力量集中于一个中点，于是岛屿从海洋中涌出。相反，海洋是坚硬陆地从中心溶解后形成的。溶解和液化的力量从中点流向四周的海洋，在千万年的时间里将起伏的山峦和陡峭的山壁冲刷殆尽。

岛屿是陆地固化的过程，海洋是溶解和逝去的陆地。凝结和瓦解是这两种形式中活跃的力量。北极是古老的，那里的陆地溶解了。冰川就是从那里有规律地融入演化的进程，使得北方大陆的一部分被

---

[1] 赫尔曼（Hermann），《地球两极》（*Die Pole der Erde*）。

冰川覆盖几百年，随后又回到海洋之母的怀抱。在地球另一头，固化成岛屿的力量从南极流入地面，它们将大陆聚在一起，并给予地面坚硬的属性。

溶解的力量由北方流出，但它被广袤的大陆平衡了，因此地球没有完全被液体覆盖。固化的过程始自南方，但海水阻挡了这巨大的力量，所以地球没能彻底硬化。

这些就是两极地区之间的差异。天空倒映在水面之上，美丽的海浪为地球上的风景增添了梦幻而感性的色彩——这是北极的馈赠。所有的岛屿都有着坚实的地面，阻碍海水的前进，向天空出示重拳而非镜子——这是南极的献礼。由此，地面终于独立，能与天抗衡。

企鹅就是拥有这种固执力量的生物。它们聚集在地面凝结和岛屿固化的地方。

是鱼？是鸟？

为何当我们遇到企鹅的时候，心里会产生一种优越感，而且我们控制不住通过微笑表达出来？当我们想到这些小家伙站起身来，直立行走，为何会有一种又悲又喜的同情油然而生？

我们一看到企鹅就想发笑，是不是因为它们长得就像夸张版的鸟儿？它们是鸟类，又不是鸟类；它们无法飞行，翅膀是萎缩了的残肢，上下移动的时候就像被鳞片一般的羽毛覆盖着畸形的手臂。当企鹅伸出手臂时，看起来像是一种卑微的姿态。我们能看到这些发育不足的肢体永远无法将它们滚圆的身体带向天空。但是，它们无法飞行的事实使这些鸟儿成了可悲而非可笑的生物。

企鹅的喜感还有另一个来源——它们看起来是不是在模仿人类？它们不会飞行，却直立行走，会交谈和尖叫，并且自视甚高——就好像它们真的是个人物。这就是我们感受到的，所以我们会笑话它们。这就好像一条鱼的鳍变成了腿，然后它就爬上岸，开始昂首阔步地走起路来。

企鹅实际上是变形为鱼的鸟。水是它们的王国，是能让它们感到自在的家园。布雷姆（Brehm）这样写道：

通常情况下，它们能在水下潜游大约 30 米的距离，然后像小海豚一样跃出水面，能高出水面 30 厘米（可能是为了换气），然后再次迅速消失在水中。在这样的运动中，它们只用到了翅膀；它们可以说是在水中飞翔……而且，它们以极快的速度在水中穿行——非常快，据楚恩（Chun）的说法，企鹅的速度能轻松地超过轮船。①

格拉赫（Gerlach）这样写道：

　　它们虽然长着翅膀，却无法飞翔，但是在水下，它们会张开翅膀做出飞翔的动作。它们的鳍翅摆动速度很快，摆动幅度也很大，一分钟能划水两百下。企鹅就在水下全速飞行，一秒之内能前进十米。②

　　于是，它们很容易就能在两分钟内游过 1000 米，一小时内游过 30000 米。没有人知道它们带着后代离开岛屿，消失在海洋中之后到底去了哪里？这不是很奇怪吗？也许所有南半球的海洋，一直到赤道，都是它们的栖息地。

　　它们来到陆地下蛋和孵蛋，这个举动使我们开始看到它们滑稽的一面。它们就好像在纪念过去，继续过着鸟儿的生活。年轻的雄性和雌性遇见彼此，一起筑巢，开始过起体面的家庭生活。敏捷的猎人变成了良民。直立的站姿，羽毛制成的华服那惊艳的设计和色彩——覆盖整个腹部的白色衬衫以及黑色的燕尾服——更进一步地呈现出其得体的一面。成千上万只企鹅站在一起，喋喋不休，说三道四，推推搡搡。它们会偷邻居的石头来筑巢，偶尔还会偷其他企鹅的妻子和它的蛋，不过尽管如此，它们仍是模范妻子和丈夫，是忠贞的夫妻。

　　企鹅的这些特点已经被仔细地观察、全面地描述了，就是这些特点使它在陆地上的形象滑稽可笑。它应该是一只鸟，可它又不能成

---

① 布雷姆，《鸟类》（*Vögel*）。
② 格拉赫，《羽毛》（*Die Gefiederten*）。

为鸟；它没有可以飞行的翅膀，所以只能受制于大地。为了克服无法飞行的困扰，它试图模仿人类，但这大胆的尝试可悲地失败了。所以企鹅的生存不太成功，每年被迫离开海洋半年之久，爬上陆地，以此作为中间形式生存，一方面回忆和重复从前身为鸟儿的生活，同时又像人类一样直立行走，却无法成为真正的人类。说到这儿，你难道不会想起有些魔法和咒语能使人变成动物，或者迫使人类在一段时间内待在折磨他们的地方？我们联想到希腊神话中德墨忒尔（Demeter）的女儿被强娶到冥界，每年只有几个月的时间重见光明。相似的秘密也隐藏在企鹅当中，被残缺和滑稽的面具掩盖。

不会飞的鸟

北极的岛屿和海岸上没有企鹅的身影。不过，在19世纪初之前，有一种酷似企鹅的特殊鸟类在那里生活，它们就是大海雀。虽然它们与企鹅分属不同的鸟类支脉，却和企鹅经历了相似的变形。大海雀的翅膀也变成了发育不良的残肢，它们也丧失了飞行的能力。从身高上来看，它们像是更高大的企鹅，体长大约80厘米。和企鹅一样，它们胸前长着白色的羽毛，而背羽为黑色。它们的近亲是在斯堪的纳维亚陡崖上生活的刀嘴海雀和海鸽。

在更早的时期，大海雀的生存范围不仅限于北方海域的岛屿，在丹麦和爱尔兰的海岸线，甚至北美洲南部都发现了它们的史前遗骸。[①]直到1820年前后，人们还在格陵兰岛及其附近发现了活的大海雀。从那以后，这些也许曾和现在的企鹅一样为数众多的鸟儿就从地球上消失了。[②]在历史上，它们的身影最常出现在纽芬兰岛、格陵兰岛和冰岛。

所有见过大海雀的人都提到，它们（大海雀）在游泳的

[①] 企鹅的名字也起源于北方。水手们称呼大海雀为"pen-gwyn"，也就是"白头"的意思。这个词语是两个凯尔特语的单词组合而成的（pen：头；gwyn：白色的），后来这个名字给了企鹅，一种和大海雀很像的鸟。但这只是英语和德语中的情况，法国人叫大海雀"pingouin"，叫企鹅"manchot"。

[②] 最后两只活体大海雀于1844年在冰岛西南海岸被猎杀。

时候头抬得高高的,但脖子却缩着,在受到惊吓的时候会潜入水下。它们会挺直身体坐在悬崖上,比刀嘴海雀和海鸽的身体立得更直。它们迈着小碎步,像人一样直立地行走或小跑。遇到危险时,它们会潜入海面以下四五米深处。[①]

大海雀在夏天繁殖,一对大海雀夫妇会产下一枚蛋。

所以,在北极也存在类似于我们所熟悉的企鹅的生物。它们和企鹅一样都丧失了鸟类的生存状态,失去了飞行的能力,反而需要游泳的技能。大海雀和企鹅之间可能并没有什么关联,但都有着同样的命运。其他鸟儿有这样的命运吗?我们知道一些类似的鸟,有些依然存活于世,有些已经灭绝了。首先映入脑海的就是鸵鸟家族。它们的翅膀是萎缩的,长着柔软的羽毛,于飞行毫无用处。然而,它们的脖子和腿却发育得强壮有力,一只成熟的鸵鸟常常能长到两米多高。澳大利亚鸸鹋、南美大美洲鸵和新西兰恐鸟(已于几世纪前灭绝)也拥有类似的体型。恐鸟的身高可达3.5米到4米,长着强有力的大腿和脖子。另外,与世隔绝、数量稀少的新西兰几维鸟也同样无法飞行。

所有这些鸟类都已经丧失了飞行的能力。它们(除了几维鸟)发育出了强大的腿部和细长的颈部。它们好像把丧失的翅膀补偿在了这些身体部位。

据说,鸵鸟和鸸鹋的幼雏行动的姿态十分优雅。随着年龄的增长和体型的增大,它们的颈部和腿部的"不平衡的负担"越发显露,它们的动作也越来越粗俗,越来越笨拙,翅膀和飞行的能力被腿部和奔跑的能力所取代。为了和强大的下肢保持平衡,它们的颈部越长越长,于是就长成了现在的样子。

这些不会飞的鸟儿生活在开阔的大草原上,沙地、阳光、低矮的草地和干燥的气候组成了它们的世界。不过,几维鸟以及在新几内亚岛和澳大利亚东北部的雨林中生活的鹤鸵却是例外。根据波特曼

---

① 布雷姆,《鸟类》。

（Portmann）的观点，马达加斯加象鸟的逐步灭绝是因为：

> 马达加斯加岛上许多地方的草原森林逐渐被砍伐，迫使这些动物进一步深入到沼泽遍布、与世隔绝的原始森林中……在这些沼泽丛林地带，象鸟沦为鳄鱼的美餐。①

另外，这些鸟儿的栖息地是草原，而非沼泽丛林，这也是它们灭绝的原因。

干燥的地面对以上所有的鸟类产生了主要的影响。它们的身体变得干燥，羽衣得到改善，由飞行转为奔跑（几维鸟翅膀的力量分给了细长、弯曲的喙）。这些鸟儿的另一个特点是它们主要生活在南半球。

它们难道不是企鹅的反例吗？它们和企鹅一样，都被命运剪断了翅膀。不过，企鹅的脖子和腿部没有被延伸，反而被压缩了。每一只企鹅的头部都直接与胸部相连，它们的脚就像从腹部下方伸出来的短小怪诞的残肢。在它们的栖息地，气候并未烘干它们的身体，恰恰相反，潮湿和黑暗充盈着它们的身体，所以它们的腿部和颈部就消失在身体中。这种形态让我们联想到鲸、海豹和海豚。它们因为体内充满了脂肪，肿胀如气球一般，所以肢体变成了小小的鳍状附肢。

在遥远的北极和同样遥远的南极，寒冷、黑暗和潮湿是环境中的压倒性因素，在这里繁衍的大海雀和企鹅成了与鸵鸟和鹤鸵相对应的生物。我们今天还能从这些生物的存在中认出那隐藏的谜团吗？

年周期

近几十年来，庞大企鹅家族的行为得到了全面的研究。人们发现，对于不同的企鹅种群，它们来到陆地和离开陆地的规律是不同的。基尔顿所研究的巴布亚企鹅生活在开普敦西北部的达森岛，它们一年登陆两次，时间分别是3月和9月。在两次登陆期间，它们都会产下企鹅蛋并孵化，然后小企鹅破壳而出。其他企鹅通常一次只产下一枚蛋，

---

① 波特曼，《鸟类与昆虫》(*Von Vögeln und Insekten*)。

而这种企鹅一般一次产下两枚。

一个法国研究团队对帝企鹅的研究显示，它们选择在南极的冬季这段最荒凉的时期繁衍和哺育后代。[①]对此，我们没办法再用保护种群的本能来解释。每逢四五月份，年轻的雄性和雌性帝企鹅就开始出现在南极洲高高的冰原上，在暗无天日的极夜，在最恐怖的飓风和最刺骨的严寒中，它们忍饥挨饿，全身心地照料着自己的新生幼雏。

就我们目前所知，大部分企鹅种群都选择在南极的春夏两季繁殖后代，所以，企鹅家族并没有统一的生命节奏，不同的企鹅种群有自己的迁徙周期。

不过，企鹅出现在筑巢场地就好似所有其他迁徙鸟类的回归，这是毋庸置疑的。对于企鹅来说，繁殖是它们的工作和清醒时间。它们必须在这些月份里经历爱、生育和艰辛，直到它们回到海洋的梦境，欢乐和嬉戏才会开始。在我们所处气候带中生活的鸟儿，它们眼中的"南方"就相当于企鹅眼中的大海。它们不是误入水中的鸟儿，是它们自己选择海水作为天堂。它们渴望着海水，就好像其他的鸟儿渴望抵达遥远的梦境之国。

然而，虽然不能飞行，在陆地上，它们依然试图表现得和其他所有鸟类一样。它们展现出像鸟类一样的姿态和求爱习惯。企鹅筑的巢千姿百态，它们是单偶制动物，一对夫妻会陪伴彼此很多年，而且它们也是十分负责的父母。这些鸟类行为模式在企鹅种群中被放大了。它们常常直立行走，我们还会在它们求偶和交配的季节看到它们亲吻的场景——企鹅夫妇的喙部会互相摩擦，它们的头部甚至会互相依偎。年轻的雄性企鹅常常展开自己的翅膀，试图拥抱自己的新娘。这些场景的背景音是各种吵闹声、尖叫声和嗥叫声。

筑巢是由企鹅夫妇共同完成的。首先由一方开始工作，当它累了的时候，另一方就替换它，直到一些天后，巢穴筑成（它们的巢通常就是地面上的一个洼地，像个小洞穴）。筑巢工作完成后，企鹅夫妇就一起到岸边游泳以及进食晚餐。然后，它们会遇到一些老相识，互相

---

① 参见马雷（Marret）的《七个人与企鹅》(*Sieben Mann bei den Pinguinen*)，与里沃利耶（Rivolier）的《帝企鹅》(*Emperor Penguins*)。

第二章 企鹅的生活

聊一会儿，到"主街"两旁漫步，最后回到自己的新房。

企鹅蛋在产下三到四周后就孵化了，企鹅夫妇会发出惊奇和欢快的叫声来迎接幼雏的诞生，随后夫妇俩又会轮班共同抚养孩子。这一时期是危机四伏的。贪婪的海鸥在头顶盘旋，寻找机会偷取珍贵的企鹅蛋美餐一顿。最终能破壳而出的企鹅幼雏数量不到一半，其他的要么沦为天敌的口中餐，要么夭折于恶劣的环境。

帝企鹅的幼雏没有巢可以躲藏。企鹅蛋是在父母的腹褶中孵化的，小企鹅在最初的数周内就蹲在爸爸的双脚之上，被爸爸的腹部包裹、保护和温暖着。企鹅妈妈在远处的大海中进食以获取新的能量。在冰天雪地的极夜，成千上万的企鹅爸爸们聚拢在一起，抵御凶残、致命的风暴。它们形成了企鹅群，互相给予身体所保留的最后一丝温暖。当企鹅妈妈从大海回来后，就轮到虚弱的企鹅爸爸们前去寻找食物，养精蓄锐了。几乎还没长毛的企鹅宝宝们就蹲伏在这企鹅群中，它们热切等待着数周不见的阳光重新普照大地。企鹅的生活并非只有整日嬉戏。在陆地上时，它们承受着身为鸟类的命运带来的痛苦、压抑的记忆。悲惨和窘迫就是它们的宿命。

它们一定曾抛弃了鸟类的生存方式才获得了一种与从前不同的、也许更好的生活。于是，它们潜入大海，但是它们必须每年一次，甚至每年两次放弃欢乐，痛苦地回忆身为鸟类的生活方式。基尔顿描述了企鹅的幼雏在几周大的时候还比较怕水，只有在父母的循循诱导下它们才敢初次尝试潜水和游泳。基尔顿还说道：

> 说来古怪，它们有时候就好像把自己的鳍想象成了一对翅膀，以为稍加练习它们就能飞翔……不管怎样，我常常看到企鹅的幼雏故意扇动它们的翅膀，就好像确信这是很自然的事……这种行为发生得十分频繁，我觉得这不能只算作它们对肌肉的放松。也许这是从更早期时代留下来的习惯……那时候的企鹅真的会飞。[①]

[①] 基尔顿，《企鹅岛》，83 页。

它们以前很有可能会飞，如果果真如此，那么一定有一系列事件或者某个单一的事件导致了它们在某个时候丧失了飞行能力。在企鹅无法飞行之后，它们的翅膀萎缩了，变成了鳍，这使它们能够在水中生存。①形成南极岛屿的力量、无尽的黑暗以及水的力量使它们的身体肿胀起来，将腿部和上肢吸入体内。就这样，鸟身变成了鱼形。但是这鱼每年都要再变回鸟儿一段时间，虽然这令它们痛苦和厌倦，但如果它们不做出每年来到陆地上的牺牲，这个物种就无法延续。

企鹅生命中的两个高潮

在陆地上的这段时期，企鹅变成了夸张版的人。它甚至患上了一种有规律地重复发生的疾病：换羽。当然，换羽是整个鸟类家族的一个特点，但是对于大部分水鸟来说，换羽会使它们数周内都没有把握飞行。天鹅、鸭和雁会一次性褪掉所有的羽毛，然后躲在岸边的灌木丛或沼泽中，直到羽毛重新长出，它们才能再次飞行。

大部分鸟类换羽的过程没有这么极端。旧的羽毛一点一点地脱落，新的羽毛一点一点地长出。在这个过程中，鸟儿看起来可能很憔悴，但它们能继续飞行和进食。

然而，对于企鹅来说，换羽就真的相当于生病了。在数周内，它们都无法捕猎，因为在换羽过程中其他鸟类丧失的是飞行能力，而企鹅丧失的是游泳的能力。基尔顿说，他所观察的企鹅经常在 12 月份进行换羽。它们能预知这场疾病的到来，因为在换羽之前的一些天里，它们吃得会比平时多很多，以便储备充足的能量。"这些企鹅好似圣诞节前的火鸡……它们就这么变得越来越胖，然后忽然有一天，换羽的迹象就出现了。从那时候起，它们就要承受至少六个星期的痛苦。"潜水和游泳的力量丧失了，它们停止了觅食；企鹅离开了巢，在空旷的地方露宿。整个身体的羽毛成块地掉落。"你会看

---

① 翅膀的结构显示，这种翅膀的骨骼是适合飞行的。然而，这些翅膀更短小，更平滑，由韧带连接，形成了像鳍一样的表面[B. 斯通豪斯（B.Stonehouse）在《格奇梅克动物百科全书》第七卷中的言论]。

到几千只换羽的企鹅聚集在空旷的地方，它们看起来一个比一个沮丧。"很快，整个岛屿就被 0.3 米（约一英尺）深的羽毛覆盖，这些饥肠辘辘的可怜虫们就站在上面。

在换羽结束的时候，企鹅们已经虚弱无比，它们的体重太轻了，已无法潜入水下。现在，它们开始在海滩上吞下小石子，以增加体重。

> 你会看到它们在海岸边漫步，挑拣小石头，它们会跳过一些石头（因为它们太大了，或者，也许因为这些石头的边缘不太光滑，不容易咽下去），然后吞下自己选中的，直到它们认为自己吞下的"压舱物"已经足够多。[①]

现在，企鹅开始再次变身成鱼。它们吞下石子，增加自己的体重，潜入水中，成为水生生物。在换羽时期，也就是它们被迫节食和忍耐的时期，它们变回了鸟类。现在，坚硬的石头把它们带回水中。

企鹅生命中的高潮点、关键的阶段有什么意义呢？每一只企鹅都拥有两段特殊的经历。一个与换羽有关。换羽期间沮丧、病痛和饥饿的状态提醒它在放弃鸟的身份变成鱼时所经历的黑暗时光。这就是它每年都要承受的惩罚——也是所有水鸟的宿命。企鹅从不在自己的巢中度过这段时期，这不是很奇怪吗？它寻求同类的陪伴，就好像它们能感受到悲伤因分担而减半。

然而，在这之后，它很快就开始吃石头；它变成了鱼，开始做梦，潜入茫茫大海之中。

企鹅生命中的另一个高潮是看到自己产下的蛋。所有的观察者都讲述了企鹅夫妇迎接企鹅蛋时的喜悦和惊奇。它们把蛋滚来滚去，左看右看，总是看不够。这是不是暗合着鲁道夫·施泰纳曾经对蛋的形态的一段描述？

> 蛋其实就是宇宙的真实缩影……哲学家们不需要推测宇

[①] 基尔顿，《企鹅岛》，89 页、93 页、97 页。

宙的三维，因为如果一个人知道应着眼于何处，他会发现世界之谜在各个角落生动地呈现着。世界的一个轴比另外两个要长——鸡蛋就是生动的例证；它的边界——蛋壳——就是我们宇宙的真实画面。

也许企鹅父母冥冥之中感受到了这一点，它们顿悟了。正是这种觉醒点燃了它们的力量，使它们欢天喜地、本能地悉心呵护着自己的蛋，因为蛋给它们带来了深刻的体验。

虽然企鹅在陆地上看起来又可怜又滑稽，但这小丑的外表之下却隐藏着一切存在的伟大和悲剧。

企鹅存在的目的

当布雷姆告诉我们"我们不应该谈论太多企鹅给人类带来的好处"，我们得意识到，他批评的是一种可怜和淡漠的态度。真正的问题应该是：企鹅存在的意义到底是什么？

我们必须立刻想到一个事实——这群鸟儿所栖息的大陆是人类还未染指的。因纽特人依然生活在北极的边缘地带，但是南极被海洋包围，不适合人类居住。这里的环境太恶劣，人类花费巨大的代价也只能在这里作短暂停留。

然而，企鹅拥有足够的勇气深入黑暗的孤寂和南极的严寒。单单这一点就算得上每年上演的英雄主义行为了。尤其是阿德利企鹅和帝企鹅，它们就生活在南极极点那冰雪覆盖的高原上。它们难道不是在我们星球上这一方被遗弃的天地履行自己世俗的命运吗？然后，当企鹅完成了它们的繁殖工作，回到海洋，它们就往四面八方游去：去南美洲附近的马尔维纳斯群岛，去好望角，去新西兰，去塔斯马尼亚岛，这样就与人类聚居的区域保持了活跃的联系。

通过充当地域间的年度信使，企鹅将南极大陆和地球的其他地区联系起来。它们传播的不是国家间的约定，也不是领土需求，它们将地球上人类存在的消息带到南极地区。

第二章 企鹅的生活

也许有一天,随着我们对现存少数企鹅种群的了解的不断深入,我们将有可能将它们匹配不同的人类种族,这样它们就成了生活在南极大陆周围陆地上的人类的镜像。即便是现在,夸张地模仿人类的企鹅也在将人类的形象带到地球遥远的边陲。

整个鸟类世界曾经是在水面上方行动和繁殖的一个强大的物种。正因如此,大部分鸟类至今仍然能展翅高飞。而其他的鸟类则被迫放弃了飞行,留守在地面上和水中。

企鹅就是鸟类家族中的类人猿。它们曾经拥有翅膀,但是,它们太快进入稠化阶段,失去了飞行的技能。作为补偿,它们掌握了游泳的技能。而现在,它们每年两次从海洋来到陆地,又回归海洋,将人类的歌声带到阴郁的南极。

这歌声太刺耳,与其说是鸟儿的歌唱,倒不如说是驴子的嘶叫。企鹅发出嘎嘎声、咕噜声和嗥叫声,它们的声音打破南极极夜可怕的寂静,像是在宣告:地球上有生命存在。

第三章 鲑鱼和鳗鱼的迁徙

迁　徙

20世纪40年代前后，因为一个振奋人心的发现，科学家们，尤其是动物学家和古生物学家们欣喜若狂。印度洋的海底发现了地球历史上最古老鱼类的一些活的样本，而科学家们本以为它们已经灭绝了大约七千万年了。第一个样本是在1938年12月22日发现的，但是，那时由于即将到来的战争已经带来的麻烦，人们并没有过多关注这个发现。截至现在（1956年），另外八个样本被捕捞上来。1954年11月12日，最后一个样本被打捞上岸的时候甚至还活着，但是很快就死去了，因为它没有被避光保护。

这种古老的鱼类叫作腔棘鱼。虽然历经了"适者生存"和"自然选择"的过程,但它们仍然保留着和在格陵兰岛、南非、马达加斯加和澳大利亚发现的从石炭纪到白垩纪的化石一模一样的形态。这个发现不仅对达尔文的物种起源理论造成了显而易见的冲击,更重要的是,见证地球演化早期历史的鲜活亲历者来到了现代,并且在形态和生活方式上没有任何改变,由此构造了一座我们本以为已经消逝了的桥梁。

来自远古世界的这八个生物捕捞自马达加斯加和南非周围的深海。在未来的几十年,我们可能会揭开更多这类秘密,由此证明不可知论对于生物演化所形成的许多观点是多么的陈腐。①矛尾鱼(这是人们为远古的鱼起的名字)只是迹象之一,在它之后会有更多迹象出现,而在它之前已经有一些迹象,其中就包括破译鳗鱼的秘密。

只是在最近,20世纪的前20年,鳗鱼的迁徙才受到足够的关注。19世纪90年代,意大利自然学家格拉西(Grassi,1854—1925)发现了欧洲鳗鱼的幼体,也就是说,此前被视作其他物种的一种小鱼——柳叶鳗其实只不过是鳗鱼的幼体。20世纪初,丹麦鱼类学家约翰内斯·施密特(Johannes Schmidt)牵头此项课题,并在多年艰苦研究后发现位于大西洋中的马尾藻海是欧洲鳗鱼和美洲鳗鱼共同的诞生地。这里是它们的摇篮,或许也是它们的坟墓。

就这样,在此之前很难令人信服的一个生物现象就此被发现了。鳗鱼的迁徙具有周期性特征,它们在马尾藻海诞生后,横穿大西洋海峡,直到抵达欧洲海岸。这个过程需要大约两到三年的时间。然后,它们在河流中溯游而上,逐渐长大,变得强壮,在河流中停留三到四年或更长的时间后又重新回到西印度群岛附近的海域。

---

① 腔棘鱼于1987年首次被一艘德国研究潜艇在夜间拍摄到。三年后,一个由10条或15条腔棘鱼组成的鱼群于科摩罗群岛(Comoros Islands)昂儒昂岛(Anjouan)西海岸水下400米处被发现。白天,它们躲在熔岩穴中,夜晚来到水下700米处捕猎。1998年,一条长1.2米,重30千克的腔棘鱼于印度尼西亚苏拉威西岛(Sulawesi)附近被渔网捕捞,捕捞地距离人们之前所知它的唯一栖息地科摩罗群岛8000千米。和科摩罗种群钢青色带白点的外表不同,这里的腔棘鱼是巧克力色的,也许属于另一个种群 [克勒扎特尔(Kleesattel),《化石世界》(*Die Welt der lebenden Fossilien*)]。

> 前往马尾藻海！
> 那里最幽暗，
> 最深邃，最幽暗，
> 那里有我们的目标，
> 是我们的开始与终结，
> 爱与死亡。

这是荷兰诗人阿尔贝特·费尔维（Albert Verwey）以鳗鱼的口吻写下的诗句。所以，那里等待它们的很可能是"开始与终结"。但是，为什么在开阔的海域漫游数年后，数不清的鳗鱼要沿着河流溯游而上呢？目前，针对这个问题的任何想法都过于人类中心主义。例如，鳗鱼发现河流有更好的生存条件，或者它们被"祖先"生活过的地方吸引，以及其他荒谬的理解。在河流中生存比在开阔的海域要凶险和艰难得多。而且，对于动物来说，"危险"一词是什么意思？对于动物来说，"更好的或更糟的生存条件"是什么意思？还有，对于动物来说，"本能"又是什么意思呢？

动物生活在一个由自己置身其中的事实和经历组成的世界，它不会更多或更少地去利用这个世界，它只不过是在完成由更高的智慧分配给它的任务。动物绝不是一种需要变化的东西，只有人类是在进步的。动物本身已是圆满的，在一个确定的环境中有着自己的位置。在这个确定的存在中，同一种群、族群或物种保留着亘古不变的行为特征。

在生命的舞台上，动物在特定的阶段表现着被指定的角色。它的观众是大自然，它用自己的力量创造了这世界剧场。人类也在这舞台上表演。但是大自然也观看着他，追随他的角色，有时候甚至会干涉他。然而，人在舞台上也能看到自己的表演，知道自己既是演员也是观众。动物则只是演员。

于是，矛尾鱼现在被迫登上了这世界剧场的舞台；于是，鳗鱼走到聚光灯下，现在被清楚地看到。

会迁徙的鱼类有许多种，比如，七鳃鳗和鲟鱼，鲑鱼和鳟鱼，而且我们刚刚说过的有关鳗鱼的一切也都适用于它们。然而，鲑鱼的迁徙模式和生活方式和鳗鱼恰恰相反。鲑鱼在河流中穿梭，然后回到海洋。它们的诞生地在溪流或河流的上游，鱼卵被产在那里，幼年鲑鱼在这些地方发育。之后，在不同的时间阶段，它们游入大海。后来，它们再回到童年成长的地方，孕育自己的后代。

所以，鳗鱼前往大海繁殖后代，而鲑鱼则沿河流溯游而上去交配。鳗鱼从大海来到河流，然后又回到大海；鲑鱼从河流来到海洋，后来又回到河流。于是，就有了一对拥有相反习性的鱼类，对它们相反关系的研究也许会让我们在谜团中看到一丝光亮。

相反的生命周期

科学界为这种极性起了两个名字：鲑鱼和其他所有从海洋来到河流中繁殖的鱼类被称作溯河产卵种群；而相反的，像鳗鱼那样在海洋中诞生的鱼类被称作降海产卵种群。这种称呼没什么帮助，除非我们获得与这些现象相关的鲜活画面。今天，我们已经知道了足够的细节，能绘出相对完整的迁徙图景。

如果我们能在北海或波罗的海的某个河流入海口待上一整年，并且能够观察在这里出入的鱼类，我们就能获得充足的事实资料。但是，我们必须假设自己在 19 世纪中叶做此项观察，那时候还没有水坝拦住河流，也没有工厂的污水。

从金秋十月一直持续到冬末，鲑鱼从海洋溯游而上来到河流上游。它们全都是体型庞大、发育成熟的雄性和雌性鲑鱼。到了春天，这些冬季的鲑鱼被所谓的春季鲑鱼取代，而它们全部都是雄性。它们在夏季到来之前来到河流，之后保持一段平静的时期。到了夏末和初秋，在河口基本上看不到鲑鱼的影子。不过，每一条河流的情况都各不相同。于是，在夏初，圣詹姆斯鲑鱼沿易北河溯游而上，体型更大的雌性随后到来，到了秋天，肥美的鲑鱼主力军就结束了洄游。

但是，在 5 月初的莱茵河口，大概 5 月 4 日至 5 月 18 日之间，幼年鲑鱼就出现了，向着相反的方向游动。在一岁到一岁半之间，它们会第一次来到海洋。在山间度过了童年后，它们现在来到了更广阔的世界。它们依然穿着带有暗色条纹的幼年装束，之后将逐渐换上美丽的银色鳞片。它们和许多大一点的鲑鱼一起游入广阔的海洋。那些大鱼在产卵季节结束后回到海洋，它们精疲力尽，依然在奋力回到觅食的海域。

不论溯游而上还是沿江而下，鲑鱼总是独自行动；它们可能会出现在小鱼群中，不过只是偶然同行。而鳗鱼就完全不同了。它们于冬末和春季从大西洋游到欧洲的西海岸——到爱尔兰和英国的时间早一些，到丹麦、德国和波罗的海沿岸诸国的时间相对晚一些。成千上万透明的幼年鳗鱼在河流中形成了长长的移动队列，它们体长只有6到8厘米（大约3英寸）。一位观察者这样描述这一景象：

> 6月底或7月初的一天清晨，我们来到德林豪森村（Dreenhausen）的水坝上，望向易北河，看到一条暗色的条纹在整条河中移动。它由数不清的幼年鳗鱼组成，它们正贴着水面溯游而上，并且始终靠近河岸，通过了所有的湾道……这壮观的鱼群队列在一整天以及第二天内都持续向前移动，中间没有任何断裂或缩小的迹象。①

前往河流上游的鳗鱼会在河流中停留数年，然后在长成体型硕大的银色鳗鱼后再回到海洋中。大部分时候它们在秋天回到海洋，这次，它们也一样不会单独行动，而是组成大大小小的队列。

几乎在一整年里，河口都是数亿条鱼进出的大门，它保持着海洋的咸水和河流的淡水之间的流动。鳗鱼和鲑鱼都花费了极大的力气溯游而上。让我们在此引用布雷姆的文字：

> 6月底，我在爱尔兰巴利香农的河流入海口，这里上个月刚灌满了水。在一帘小瀑布附近，几百万条小鳗鱼正不断努力爬上水瀑边缘那湿滑的石头，成千上万条鳗鱼已经在这个

---

① 布雷姆，《鱼》。

过程中死去。但是，它们那湿滑的身体成了其他鳗鱼攀爬的阶梯，活着的得以继续前进。我甚至看到它们爬上垂直的峭壁。它们扭动着身体滑过潮湿的苔藓，或者爬过那些已经在尝试中死去的鳗鱼的尸体。①

鲑鱼的洄游之路也一样艰辛，只不过并非成群结队。它们克服了巨大的障碍，比如岩石和瀑布，把自己从一块岩石甩向另一块岩石，一步一步接近目的地。

鳗鱼和鲑鱼在洄游时占据了一整条河流。它们进入大部分的支流和溪流，就这样和一条河流的所有网络紧密相连。鳗鱼喜欢广泛分布，鲑鱼则更喜欢力争上游。作为一个生态单元，河流中到处都是这些鱼，而且通过它们，河流实现了和大海的紧密连接。

不过，鲑鱼和鳗鱼生命的不同之处不仅体现在一种是溯河产卵，另一种是降海产卵，它们的极性还体现在许多个体特征的不同中。

鳗鱼诞生于马尾藻海，因为墨西哥湾的湾流在佛罗里达北上，流经北美洲沿岸，它们就在此进食。这片海域很大，几乎相当于墨西哥湾流所经的全部流域。这片海有大约6000米深，鳗鱼幼体就诞生于大约400米深水域的产卵区。美洲鳗鱼在这片海域的西侧进食，而欧洲鳗鱼则在东侧活动。数亿只2到3厘米长的小巧透明的、叶状的鱼儿在这里诞生。它们的形状仍然像真正的鱼，在它们前往西海岸和东海岸时，它们的体型会与日俱增。在向欧洲迁徙的过程中，它们会完成向幼鳗的变形，这大约要花费两年半到三年半的时间。人们认为受精发生于3月到4月之间，在水下大约400米深的位置，随后，鳗鱼幼体逐渐游向上方，长大，并在向东迁徙的过程中，变形成身体浑圆、像蠕虫一样的幼鳗。向西迁徙的旅程更短一些，所以美洲幼鳗比欧洲幼鳗体型更小。

一旦抵达河流，它们的身体功能就改变了。它们的皮肤变成了黄褐色，同时，身体物质开始了剧烈的更新换代。然后，它们的生长变

---

① 布雷姆，《鱼》。

得迅速起来，常常在体型和重量方面发生剧变。它们在淡水中停留三到八年的时间。白天，它们躲在河床的泥里，只有在黑夜才出来觅食。鳗鱼在夜间活动，它们惧怕日光的照射。知识最渊博的鱼类学家之一路易斯·罗勒（Louis Roule）这么写道：

> 鳗鱼属于水中夜行生物，只有在天黑时才开始活跃。它保留了对出生时的深海的印象……如果鳗鱼被丢到水族馆中，光突然照射到它们身上，它们会立刻开始焦虑，迅速冲到最黑暗的角落，尽可能地贴近彼此，因为它们急于躲避讨厌的光线……这种对光线的出于本能的持续性恐惧是鳗鱼生命中的一个控制因素，它使我们明显地感到，鳗鱼确实是来自深海中的生物。[1]

不过它们惧怕的不只是光线。它们还躲避寒冷，所以到了冬天它们就不活跃了，它们在泥里进入一种冬眠的状态。在诸多生活在河流中的鱼类中，它们在秋天最先把自己埋起来，而到了春天又最晚出现。它们的生命理念就是向往黑暗和温暖，寒冷和光亮是它们避之不及的。

鲑鱼就完全不同了。秋天，当它们从海洋来到河流时，它们整个身体都开始闪烁。格拉赫（Gerlach）这样描述它们："鲑鱼溯游而上时，身体会改变颜色。鳃的外壳和雄性鲑鱼的身体两侧，以及闪烁着蓝光的头上装饰着红点。腹部变成紫色。鱼鳍闪耀着玫瑰粉色。"[2]它们就穿着这华丽的衣衫迎着河流而上，直到抵达河流的支流和小溪。它们的目标是高处的光线和寒冷的气候。圣诞节前后，在冰冷的、明亮的河水中，交配就发生了。

雌性鲑鱼把大量的卵产在它们事先用鳍挖好的洞里，雄性鲑鱼会在卵上授精。交配过程会持续一到两周，在这之后，大部分精疲力尽的鲑鱼很快就死去了，只有少数能回到自己来时的海洋。一年后，它们会再次前来产卵，但是很少有鲑鱼能来第三次。

---

[1] 罗勒，《鱼》，204 页。
[2] 格拉赫，《鱼》。

在整个溯游而上的旅程中，它们没有摄入任何营养。它们的肠子在此时可能已经退化了，无法消化食物。与此同时，繁殖器官却发育得巨大无比。在旅程的终点，卵巢的重量几乎是体重的四分之一，而睾丸的重量则几乎是体重的八分之一。

从受精卵中孵化的鱼苗很快就发育成幼鲑，它们会在诞生地附近停留一年到一年半的时间。在这之后，它们才开始二龄鲑的旅程，沿河而下，回到大海。它们的捕食生涯从两岁到四岁开始。在海洋中的这段时间，它们在广阔的海域畅游。在欧洲海岸被标记的鲑鱼在西格陵兰的基塔（Kitaa）被发现过。它们好像更偏爱靠近海岸的海域，主要在水面以下 10 米深以上的地方觅食，不过也会突破这个界限。

而鳗鱼在回到海洋中时则又大又肥，此时它们已经不再是掠食动物，它们的生命只剩下一个目标：回到马尾藻海！现在，这些热爱黑暗的生物开始发育出更大的眼睛；它们的身体大小比原来增加了八倍到九倍，暗色的身体变成了闪亮的银色。也许它们还无法忍受直射的光线，但是能凭借着海水折射的阳光的引导一路回到曾经孕育了它们的深海。

所以，鲑鱼和鳗鱼的确是相反的两极。鲑鱼喜欢光亮和寒冷；鳗鱼害怕这两个因素，热爱温暖和黑暗，而这些正是鲑鱼所讨厌的。它们都连接着海洋和河流、咸水和淡水，参与地球的水循环系统。

光的作用

鲑鱼和鳗鱼之间的差异与它们不同的生活环境也有关联：一个生活在海洋的咸水中，一个生活在溪流的淡水中。而那些在崇山峻岭之间繁殖和发育的鱼类和在幽深的海水中开始生命周期的鱼类之间，得有多大的不同啊！我们已经提到，鳗鱼在水下 400 米处产卵。如果我们假设鲑鱼的产卵地平均海拔为 1000 米，那么这两种鱼类生命之初所在之处的海拔差异是十分显著的。

对于鲑鱼来说，冬季是繁殖季节，而鳗鱼的繁殖季节则是夏季。另外，鲑鱼选定的繁殖地是北部的山峦，而佛罗里达附近的马尾藻海则属于亚热带地区。

因此，鳗鱼的卵在幽暗的咸水中孕育，鲑鱼的卵则被产在明亮的淡水中。在这里，具有深远影响的质的不同在鱼的发育过程中扮演了基础性的角色。海水不仅比淡水含有更多的盐，还含有特殊的化学元素，这些深深地影响了在其中生长发育的有机生命。溪流中的淡水恰恰相反，它更亮、更轻，流动更快，当然也不具备海水所特有的孕育特征。

鲁道夫·施泰纳曾对这种对比做了基础性的描述：

> 是的，你看，如果你真正去研究海水，你会发现这种咸水和宇宙的联系比较小……
>
> 淡水组成的山泉则向宇宙开放，就像我们的眼睛自由地张望。因此，我们可以说，在有清泉的地方，地球能够望向宇宙深处；清泉是地球的感觉器官，而在海水中是地球的下肢，它的肚肠……地球与宇宙的所有联络都基于淡水，地球具备肚肠特征的一切都来源于咸水。[①]

这段评论让我们直观地了解我们所描述的现象。很明显，鲑鱼将卵产在了"地球之眼"，即河流和小溪的清泉之中，所以，它们从一开始就与自然界的光紧密相连。因此，它们才拥有那明亮的色彩、那"鲑鱼色"的玫瑰亮点、在溯游而上时那惊人的气力。自然界的光渗入它们的身体，在它们体内生存和活动。它们是光线编织的鱼，当它们从山峦游入大海时，就携带着这光，并将它带入广阔幽深的海洋。

鳗鱼来自幽深的咸水，和黑暗紧紧相拥。它们是夜行动物，逃避光线，拥抱黑暗。它们那没有颜色、没有光亮的幼体来到海洋的表面，向岸边游去，在这个过程中失去典型的鱼形，变化成蛇的样子。不过，一旦接触到淡水，它们的表皮就获得了黄色的色素，于是新的环境中的光线就能被它反射了。当鳗鱼长大之后，它的腹部变成暗黄色，而背部变成墨绿色，然后以水蛇的样子在河流中待上数年之久。就像鲑鱼被放逐到海洋中，以便将它的光亮带入幽暗的海水，鳗鱼的任务则

[①] 施泰纳，《从大象到爱因斯坦》(*From Elephants to Einstein*)，1924年2月9日的演讲。

是来到河流，为河流带来必要的黑暗元素。

"河流时光"结束之后，鳗鱼回到海洋，向家乡游去，它的眼睛开始生长，身体开始闪烁银光。因为，现在它需要反射之前它所躲避的光线。它需要光线使它的生殖器官获得繁殖的力量。鲑鱼通过明亮的清泉和溪流获得的东西，鳗鱼经由长大的眼睛得到了。这两种鱼的繁殖都依赖光线。

现在，我们对于正在研究的现象有了更加完整的画面。我们理解了在海洋和河流中起作用的极性，并且看到我们所描述的迁徙过程有着意味深长的背景。它们将溪流之光带入幽暗的海洋，又将海洋的幽暗带到明亮的淡水区域。鳗鱼和鲑鱼是一种呼吸形式的永恒承载者，这种呼吸形式使光明与黑暗在海洋和河流之间来回流动。从黑暗所造就的怪诞的深海造型到鲱鱼和西鲱、鳟鱼和米诺鱼的明亮衣衫，光明和黑暗互相交织着。

鲑鱼和鳗鱼被这光明和黑暗控制着；它们吸收了光明和黑暗，并成为其信使。

我们如果将目前所有的想法形象化，就能够理解，为何鲑鱼在河流溯游而上之后，总是回到它长大的那个地方。起初，这种现象被解释为遗传特征，但是最近的实验和观察明确地证实，鲑鱼并不会回到它的祖先生活的地方，而是会回到它童年停留的地方。

盖拉赫介绍了在美国所做的繁殖实验，最显著地证明了这一点：

> 在美国西北部的哥伦比亚河，自1939年以来，安置帝王鲑成为可能。这些鲑鱼沿哥伦比亚河溯游而上。在游了600多千米（400英里）后，它们被大古力水坝挡住了去路。水坝高180多米（600英尺），水库里的水对于鲑鱼来说温度太高。1939年，联邦鱼类和野生动物管理局在艾勒·加布里尔逊的指导下，开始在大古力水坝下游120千米（约75英里）处捕捉爬鱼梯的鲑鱼，然后将它们装车带到位于莱文沃思县的繁殖站，在那里鱼卵被人工授精。当孵化的鱼苗可以开始使用鱼鳍时，它们被装车运往维纳彻斯河（Wenatches）、幼

底阿特河（Eutiat）、奥卡那冈河（Okanagon）与米休河（Methow）的上游放生。这些河流入大古力水坝下游的哥伦比亚河。帝王鲑的幼体就在那里生活，直到一年后它们长到15厘米（约6英寸）长。然后，它们会顺流而下，消失在海洋中。它们应该在出生五年后的1944年再次出现，前来产卵。而它们确实这么做了。在小时候，它们的鱼鳍被做了缺口的标记。那些被装车运往维纳彻斯河中的帝王鲑毫不犹豫地回到了这条河，而那些来自幼底阿特河、奥卡那冈河与米休河的帝王鲑也同样准确无误地找到了自己长大的地方。它们不再寻找父母的出生地——大古力水坝的上游。同样的步骤在接下来的繁殖季节中也被运用，安置实验非常成功。

这明确地显示了鲑鱼寻找自己出生地的神奇能力，在耗费数年游过长达数千千米的旅程后，它们能够回到幼年时代畅游的清泉。如果我们把这种能力说成"本能"，就是逃避问题的表现。遗传也无法在其中扮演任何角色，这是能被推测出来的一种不同的原理。鱼无法"找到"路，它们没有特定的感官也没有敏锐的能力去从事如此复杂的活动。唯一可能的原因就是它们是在"盲目地"移动，但是"那是一种飞机盲目飞行时的'盲目'"，因为它们在自动驾驶。只有当我们开始想象每一条鲑鱼都与幼年成长之地的特殊光线保持着联系，这种光的光束照耀着它的所有旅程，我们人类看不到这些光束，但鲑鱼能感觉得到，我们才能初步理解这种奇怪的现象。就像童话中的两个孩子在穿越密林时沿路洒下面包屑，以此找到回家的路，鲑鱼也在海洋中留下光的线索，这样，即便过了数年，它们依然能沿着这些线索找到自己来时的路。①

对我来说，这就好像每年从河流游入幽暗海洋的无数鲑鱼携带着

---

① 现在，许多实验证实，鲑鱼通过嗅觉找到自己出生的河流。实际上，它们并非在诞生时记住河流的气味或味道，而是在离开时记住。在研究中，鲑鱼的鼻孔（它们的鼻孔不用来呼吸）被堵住，导致这些寻觅出生地的鲑鱼均匀地出现在上游河流。而其他的鲑鱼都找到了回到诞生河流的路，它们能记住并找到稀释程度如此高的气味，真是令人惊叹！

闪烁着的光线，温和地照亮了海洋的黑暗。当它们回到河流，它们又卷起这光线，将它们编织成绚丽的"婚服"。如果你记得许多不同种类的深海鱼在身上各种部位长着奇怪的小灯笼和发光体，你就会相信这个概念。在它们这种情况下，这些光源是人类肉眼可见的，因为这些鱼类不会溯游而上到清泉产卵，于是就不会获得天生具备的"光"。深海鱼需要从自己体内创造出这些光源，所以这些光虽然五颜六色，但十分微弱，无法闪烁。

鳗鱼身上也存在着类似的谜，它们在迁徙的过程中能够找到河流，在回程时总能回到马尾藻海。在这里，"盲游"依然能够提供可信的解释。鳗鱼来自幽暗的海水，作为透明的幼体来到水面，并且向欧洲或美洲海岸游去。然而，在这一阶段，美洲鳗鱼和欧洲鳗鱼的幼体没有差异：它们一起长大，但每一只鳗鱼幼体都"知道"自己该去向何方。所以，它们有的向西游去，有的向东游去。

如果你想用本能来解释这一现象，你会再一次把问题复杂化。但是，我们可以想象，欧洲和美洲的河流都向幽暗的海洋放射出一种微弱的光，从东方和西方发出的光质感有所不同。美洲鳗鱼幼体和欧洲鳗鱼幼体之间几乎唯一的差异就是前者的椎骨更少：前者有103到110根椎骨，而后者拥有111到119根椎骨。①也许脊椎巧妙地起到了天线的作用，引导着一群鳗鱼向西游，而另一些向东游。

针对动物生命的这些问题，我们不能忽略环境和它的广泛分化。它那多种多样的力量作用于动物身上，而动物正由它创造，又为它创造。鳗鱼幼体更像是一种复杂的"感觉器官"，只有当它转变成浑圆的幼鳗，它才另外发育出消化系统和新陈代谢系统。于是"光之触角"——幼鳗向着它所感知到的闪烁光源游去。在靠近河流时，这光线变得无比强烈，它们的皮肤开始着色，它们的身体几乎变成了一种进食系统。数年后，完全成熟的鳗鱼从河流游回海洋时，发育出更大的眼睛。因为，现在鳗鱼正回到自己幽暗的家乡，所以它们作为"感觉器官"的身体复苏了。

---

① 罗勒，《鱼》，200 页。

现在，它们停止进食，渴望着它们那黑暗的家乡。鲑鱼和鳗鱼的生命都在光明与黑暗的交织当中度过。

同样，我们就能明白鲁道夫·施泰纳曾对鱼的天性所作的生动的描述：

> 鱼包含着水，它感觉不到自己是水的一部分；鱼感到自己围绕着水。它感到自己是包裹着水的闪光的外壳或容器。但是，鱼还感到水是异于自己的存在，它在鱼的体内进出，并且通过这种方式为鱼带来所需的空气。而鱼感到空气和水都是异物。以物质性而言，鱼感到水是异物。但是，它还感到自己是水的物理容器，而这容器中的水一直连接着外界所有的水元素。它感到自己体内的水是世上所有水的一部分。水到处存在，而在水中，鱼感受到了生命。在世俗生命中，鱼当然是沉默不语的，但如果它们能开口说话，告诉你它们的感受，它们一定会说："我是容器，但是这容器包含着无处不在的水元素，而水是生命的载体。我正是在生命中畅游。"所以，鱼感到自己的生命和地球的生命休戚相关。这是鱼的特别之处：它感到自己的生命即是地球的生命，因此，它紧密地参与地球的一年四季。它经历着夏季生命力量的流出，以及冬季生命力量的回归。鱼经历着地球的呼吸，在地球的呼吸中感受着生命。①

在这里，施泰纳描述了鱼类极其微妙的感知世界。作为感知的天线，它们感受着地球生命世界的呼吸。鳗鱼和鲑鱼被嵌在这生命王国，它们在水中游动，但却生活在光明与黑暗、温暖和寒冷、声音和化学等生命活动中。

因此，鲑鱼和一年四季的联系就如同日晷之于一天。在秋季，吸入气流时，它们就游向自己的清泉，在仲冬时节产卵。到了春季，它

---

① 施泰纳，《创造性世界的和谐》（*Harmony of the Creative Word*），1923 年 10 月 28 日的演讲，110 页。

们迁徙回海洋，与地球呼出的气流紧密连接。

同样，鳗鱼也在秋季回到海洋，于仲夏时节在马尾藻海产卵，然后死去。

这两种鱼都生活在海洋与河流、咸水与淡水、宇宙力量和地球力量之间持续上演的光明与黑暗的交织当中。

鲑鱼和鳗鱼的进化

自从约翰内斯·施密特发现马尾藻海是欧洲鳗鱼和美洲鳗鱼的繁殖地，许多科学家都思考了一个问题——为什么是马尾藻海，而不是其他地方。这个问题越来越多地与魏格纳的大陆漂移理论联系在一起。今天，一些科学家推测鳗鱼曾是淡水鱼，它们在欧洲和美洲大陆逐渐分离的过程中落入了大海。

例如，缪尔·埃文斯（Muir Evans）描述了非欧大陆板块如何从美洲板块分离，随后他写道：

> 如果这是正确的，我们就可以想象欧洲鳗鱼的幼体原本起源于东部随处可见的河流，但是大陆分离了，于是鳗鱼幼体前往淡水的旅程被拉伸到了五千米长。我们很难从地质学的角度思考这个问题，但是只有这个理论合理地解释了欧洲鳗鱼的迁徙。[1]

欧根·克劳斯（Eugen Kraus）也尝试了解决这个问题。他是第一个提出鳗鱼的迁徙可能和墨西哥湾流有关的人。他认为鲁道夫·施泰纳有关墨西哥湾流曾围绕古大陆流动的论断可能会帮助我们解开这个重要谜团。

然而，我们如果仔细地研究鲁道夫·施泰纳的论断，会发现之前的古大陆离今天的马尾藻海距离并不近。他是这么说的：

---

[1] 缪尔·埃文斯，《鲉与水手》（*Sting-Fish and Seafarer*），87 页。

这座大陆由一股温暖的洋流环绕,这股洋流看起来可能很奇怪,从南部经由巴芬湾流向格陵兰岛北部,并环绕着它。随后,转而向东,逐渐冷却下来。远在俄罗斯和西伯利亚大陆出现之前,它就流过乌拉尔山脉,改变路线,环绕东喀尔巴阡山脉,流入如今的撒哈拉地区,最终在比斯开湾附近抵达大西洋……这股洋流就是在当时环绕古大陆的墨西哥湾流。①

古大陆的海岸线中心大概位于今天的爱尔兰所在的位置,和马尾藻海相去甚远。

然而,鳗鱼的分布最多只是和这条海岸线部分平行而已。克劳斯说道:

因此,欧洲鳗鱼出现在欧洲所有的海岸线,从斯堪的纳维亚到白海,以及波罗的海、地中海和非洲北海岸、黑海,从马尔马拉海(Sea of Marmara)到亚速海(Sea of Azov),最终到达冰岛(除了北部和东北部海岸线)。

美洲鳗鱼则来到了北美洲东部区域北上到拉布拉多半岛(Labrador),在格陵兰岛西南部、墨西哥湾北部海岸,以及加勒比海东部边缘,包括巴哈马群岛(Bahamas)、大安的列斯群岛和小安的列斯群岛(the Greater and Lesser Antilles),南下到达南美洲东北部海岸的奥里诺科河(Orinoco)河口。

这段话描绘了今天的鳗鱼迁徙所经区域,但这与鲁道夫·施泰纳所描述的古大陆所在区域大不相同。可能的情况是,鳗鱼曾经沿古大陆的河流溯游而上,随着古大陆的淹没,它们逐渐迁徙到其他海岸地带。不过,自原始时代,甚至远在古大陆存在之前,马尾藻海一定已经是鳗鱼的繁殖地了。鳗鱼自地球最古老的时代就已经存在。

---

① 施泰纳,《民族心灵的使命》(*The Mission of Folk-Souls*),1910 年 6 月 16 日的演讲,161 页。

然而，它们保留了从鱼形到蛇形的特殊过程，类似于青蛙和其他两栖动物从作为蝌蚪的鱼形发育成熟的过程。鳗鱼幼体向蛇形的转变无疑暗示着这种生物曾经可能经历的古老身体变化。

施泰纳曾对鱼类演化有过最初也是最重要的阐述。矛尾鱼正是从古老的时代存活至今，未发生改变。[①]其他鱼类，可能大部分鱼类，都经历了更多的演化过程，而鳗鱼从鱼形到蛇形的变化正是这种变化的例证之一。

鳗鱼的这种转变过程，就是从幼体长成黄色鳗鱼，再长成闪亮的黑色鳗鱼的过程。鳗鱼就像保存下来的活化石，为我们重现蛇形演化到今天的爬行动物的那个历史阶段。

也是从那时起，鳗鱼成为有毒物质的载体。它们的血液和体液对其他有机体有着麻痹和致命的影响。这是施泰纳所言的地球演化最低端阶段的残留现象。

在马达加斯加、澳大利亚、菲律宾和南太平洋诸岛的居民中流传的神话传说中，鳗鱼扮演着重要的角色：亡灵生活在它们之间，甚至当地人的祖先也被称作鳗鱼。这个地区分布着庞大的鳗鱼家族。克劳斯写道：

> 这里有十九个种群，其中三种分布在温带，其他十六种分布于热带。位于北温带的日本鳗鱼和大西洋的鳗鱼种类有着惊人的相似性，因此它们很明显地有别于其他分布于印度洋—太平洋海域的种类。

太平洋的鳗鱼栖息地也许和大西洋的一样重要。我们还不知道与马尾藻海鳗鱼对应的、属于印度洋或太平洋的鳗鱼繁殖地位于何处，但一定是在这个区域。鳗鱼从鱼形变成鳗鱼这个过程主要发生在这里，而克劳斯是第一个断言这一点的人。

---

① 矛尾鱼比其他大部分硬骨鱼类都更古老：它们的化石最早可以追溯到泥盆纪。矛尾鱼是两栖动物的祖先，进而也是所有陆地脊椎动物的祖先，这看起来是矛盾的。不过，直系祖先并不是今天看起来并未改变的矛尾鱼，很可能是联系比较紧密的扇鳍鱼目（克勒扎特尔，《化石世界》）。

然而，鲑鱼远离尘世。它生活在清泉的光影中，在这里度过幼年时期，并作为光的使者从这里迁徙到海洋中。这种鱼的历史可以追溯到太阳和地球还合为一体的北极时代。渗透在地球那段历史中的光还残留在今天的鲑鱼体内。它的分布地带和鳗鱼的分布区域大有不同。布雷姆写道：

> 鲑鱼的家一定位于欧洲温带地区的水域，向南抵达北纬43°，以及新大陆的北纬41°。这种鱼在所有流入地中海的河流中都未出现。在欧洲北部，它主要出现在莱茵河和它的支流、奥德河（Oder）与维斯瓦河（Vistula），在易北河（Elbe）与威悉河（Weser）也时有现身。在大不列颠、俄罗斯、斯堪的纳维亚半岛、冰岛、格陵兰岛、北美洲的河流中，它出现的频率更高，而在法国西部和西班牙北部的河流中则鲜有出现。[1]

这显然是一条包围着整个北极地区的带状分布区域。鲑鱼生活在旧大陆和新大陆中，像一条彩带环绕着北极。就这样，它们对于自己的起源地无比忠诚。北极地区曾经就是今天的鲑鱼的起源之地，在北方，光和寒冷直接作用于地球的表面。

鲑鱼对太阳也无比忠诚。鲑鱼从海洋迁徙到北部的河流中，溯游而上追随太阳，往上追逐太阳的光芒，于是在极北之地、清泉成为"地球之眼"的地方，它就离太阳最近。在那里，它进行繁殖，而它的幼体在诞生后一年多内都留在光的国度。

相反，鳗鱼南下来到大西洋和印度洋的深海，也就是离开了光，游向黑暗。于是，它们衍变为蛇形，成为黑暗的使者。鳗鱼受到月球的影响。它们的身体呈现出黄色和浅绿色，类似于娥眉月的颜色。和若隐若现的新月一样，它们诞生之时拥有透明轻盈的形体，随后逐渐长大，变得强壮，并迁徙到河流中。但是，即使在河流中，鳗鱼也依

---

[1] 布雷姆，《鱼》。

然是夜行动物，被月亮影响着。

鲑鱼和鳗鱼都是鱼类。但是，其中一个保留着鱼形，是太阳之子；而另一个进一步演化成为"月亮之子"，身现蛇形。①不过，它们是一对兄弟，它们知晓彼此。

鲁道夫·施泰纳说：

> 鱼和蛇的象征来源于我们演化过程中的秘密。一个人在看到清澈的水中鱼儿闪亮的身体时，会自然地感到快乐，这会给予他平静的感觉，就像人看到爬行的蛇会感到恐惧一般。这种感觉绝不是对曾经历过的事物毫无意义的记忆。②

鲑鱼和鳗鱼是这一切的见证者。它们是过去和现有世界的亲历者，我们虽难以用感官感知它们所见证的世界，却可以运用想象力去理解它。在这个世界，光明与黑暗的力量交织、流淌，是万物的源泉。

一年又一年，数不清的鳗鱼幼体从马尾藻海和印度洋深处游上来，海洋将这种生物从鱼形转化成蛇形，然后又将它们召唤回来。

与这海洋深处迥然不同的是美洲、欧洲和亚洲北部溪流中成千上万的清泉。每年，这个分布带中的几十亿鲑鱼卵在光明中孵化，年幼的鲑鱼从边缘地带迁徙到北冰洋周围的核心区。

这是两段截然相反的迁徙之路。一个从中心开始，另一个从边缘开始；一个承载着光明，一个承载着黑暗。它们就这样往来穿梭，使光明与黑暗中的水源循环不息。

---

① 这可以通过满月或新月时行为的不同看出[恩德雷斯（Endres）& 谢德（Schad），《大自然中的月亮节奏》(*Moon Rhythms in Nature*)]。
② 施泰纳，《宇宙、地球和人类》，1908年8月11日的演讲，104页。

第四章 象

象的形象

自孩提时代开始，我们头脑中就有了象的概念。在我们长大和学习的过程中，它们的形象和存在一直陪伴着我们。我们第一次看到它们一般是在马戏团或动物园中。作为孩子，我们用敬畏和惊诧的眼神看着这庞然大物。我们为象鼻子的表演欢呼，偶尔也会为它们突然发出的鼻息和吼声震颤。

第四章 象

后来，我们在历险类书籍中了解到这些庞然大物在非洲和亚洲生活。我们听说了印度和缅甸的工作象那惊人的力量，我们还看到它们在节日游行中的图片——它们身着美丽的装饰，背上驮着王公贵族。

再后来，我们知道了布匿战争中象兵的威力，以及罗马军团在突尼斯战役中有生力量被歼灭的恐怖场景。我们和汉尼拔的象群一起翻过阿尔卑斯山，看到最后只有一头大象踏上了意大利平原。然后，我们读到罗马人如何逐渐熟悉了象兵，并开始利用它们。

就这样，象成为每个人耳熟能详的动物。它和牛、猪、狗、羊这样的家养动物不同，但是比熊和蛇与人类的关系近一些，熊和蛇离我们很近，同我们的关系却很远。象只在亚洲被驯服了；在非洲，只要它不是猎人、偷猎者和投机商的目标，它就远离人群和视线。①

象在人类觉醒中扮演了角色，就像它在我们的童年时期作为图画和实体陪伴着我们。当人类开始坚实地踏在大地上，它就已经存在了，而且，在史前时代它分布在世界大部分地区。它曾生活在东南亚、美洲、欧洲和非洲，从北极圈到赤道，再到南半球。看起来它只错过了澳大利亚、新西兰和南美洲。北方有猛犸象，南方有象，长鼻目（长着长鼻的哺乳动物）整个群体总共有 352 个种群散布在全球。

今天，这众多种类已经减少到了几个种类。非洲象生活在广袤大陆的中间地带，它包括两个亚种：草原象和森林象。和亚洲象相比，非洲象体型更大、更强壮，拥有更有力的鼻子，而且存在的时间可能更久。所有其他的种类，除了一个例外，都只能通过留下的痕迹和遗骸来了解。这个例外就是猛犸象，它保存完整的遗体在西伯利亚被发现，皮肤、毛发和器官都完好无损，甚至在胃里还有食物——这巨兽在一万多年前被冻死在这里。它的血液被解冻，血清测试显示它确实是今天的印度象的近亲。就这样，史前和现代握手了。

我们在自身内部也发现了这一点。我们在内心深处，即意志力产

---

① 这个论断基本上正确，但也有一些例外。迦太基人利用现在已经灭绝的北非象工作。比利时人在他们之前的殖民地刚果建立了大象训练基地，这座基地一直到 1963 年才停止使用，而且可能被重新启用。非洲象能被驯服，但是比较难，所以这种情况较少见[格奇梅克，《格奇梅克动物百科全书》第十二卷，以及道格拉斯-汉密尔顿 Douglas-Hamilton，《为大象而战》(Battle for the Elephants)]。

生之处，发现了和这些动物们的连接。在孩提时代，我们仰视着它们；长大后，我们更愿意遇到它们，了解它们；成年后，我们远离它们，因为我们害怕在心灵深处触碰它们的存在。只有少数人终其一生靠近它们，和它们保持连接。整个人类种群曾经生活在象群统治的王国里。这些生物统治过地球，它们曾在大陆上开疆拓土，而人类在后来才慢慢成为它们的主人。象群退却了，失去了它们的王国和领土。现在，它们身为"乞丐"，却依然拥有"王者之心"。

生理和外表

"一个生命外在的生存方式显示了它内在的直接经验。"[1]鲁道夫·施泰纳在谈起对动物有机体的一种可能的理解时下了这个影响深远的论断。现在，我们就来看看象的外表。

我们以古非洲象为例，从前面开始观察它。它用小而深陷的眼睛看着我们。它的前额像峭壁一般，延伸到两侧翅膀一般的耳朵上缘。它的耳朵大约有1米长、80厘米宽，环绕着头部和喉部，像巨大的伞，将头部和身体分开。从前面看，它的身体可以说就躲在巨大的耳朵后面，我们能看到的只有像巨型柱子一般的腿。

它的脸部从前额到鼻子变得越来越细，鼻子够得着地面，仿佛第五条腿。相当于高度发达的上唇，和鼻子融合在了一起，覆盖了宽大嘴部下面的部分。在鼻子两侧，两枚象牙从上颚长出，形成了凹形曲线。

象鼻子是象的象征。象的天性和存在感似乎就包含在其中。象用鼻子从树上和灌木上扯下树叶和枝条，并把它们送入嘴巴里。它不像有蹄类动物和掠食动物那样直接用嘴巴搜集食物。它用鼻子扯下一大把草，然后在膝盖上磕掉泥土，再送入嘴巴。它用鼻子吸水，再将水喷入嘴巴。所以，鼻子是它与外部世界连接的肢体，就和人类的胳膊和腿一样。

---

[1] 施泰纳，《来自人文学科的答案》，1910年11月10日的演讲。

第四章 象

象的鼻子可柔软可强硬。它温柔地将鼻子环绕在同伴的臀部。在走动时,小象会将鼻子卷在妈妈的尾巴上,由妈妈引导着向前走。

不过,象鼻子的功能远远不是肢体可比的。它同时也是一种无比精致、也许还功能齐备的感觉器官。象的感觉能力有很大的比例集中在这里。象拥有灵敏的嗅觉。一些观察者们认为,它们能在五六千米之外闻到枝叶或水的气味。象鼻子还能有触觉,其鼻孔周围的毛尤其敏感。一条黏膜构成的管子——鼻孔被包裹在内部,有高度发达的嗅觉。任何要被吃下或喝下的东西都首先被鼻子仔细地检查过。

这个感觉工具的动作如此多种多样,富有表现力,它自身的运动觉一定高度发达。约翰·布伦德的话十分正确:

> 象鼻子如此发达,它可能将一切告知象,并将远处陆地上的情况传送给象……我们很少会觉得象是用眼睛在观察世界。象鼻子甩动、转动、抬起、搜寻,看起来像是在感知一切。

所以,我们完全可以说,感知环境中的形状和线条的运动觉就藏身于象鼻中,我们也可以说象鼻在感知空间和空间形式方面很大程度上取代了眼睛。①它被作为捕捉触感、压力和温暖的感觉器官,也被作为用于抓握、击打和吃自助餐的肢体。

另外,象的感觉和冲动、情感和情绪都通过鼻子表现:它们通过鼻子制造的声音和做出的姿态来体现。象鼻子能够自由地发出许多种声音,有充满爱意的呼噜声,也有能够震颤大地的、吓人的吼声。

在动物王国的更低层级、解剖学层面不同的领域,我们找到了具有类似天性的动物,即头足动物——鹦鹉螺的触须和巨型乌贼与章鱼的强大触手可以和象鼻子相媲美。我们还看到了发达的巨型"嘴唇",它已经成为一种肢体,同时拥有大量的感官功能。在无脊椎动物王国,我们找到了和象鼻子一样的构造。但是,它在姿态和本质上都与象鼻子不同。这些触须是贪婪的器官,巨型乌贼的可怕触手可以长到数米

---

① 现在我们知道,象的视力敏锐度与马相似,但是它的重要性逐渐减弱,可能是因为以正常的头部姿势,它只能直视地面和两侧。要往前看,大象需要先把头抬起来。

长，能用吸盘抓获猎物，绝不会松开。然而，象鼻子是一个用于感觉、联系和抓握的器官。它使象获得了非凡的感觉经验，使它体验到极度的喜悦和痛苦。象的内在生命就好像集中了它的鼻子里。

长在鼻子两侧的眼睛几乎已经消失了。在它们后面是巨大的耳朵，从鼻子根部延展开来，像两张大翅膀一般。耳朵也表现出了象的内在：它们反映出象内在的紧张抑或放松情绪。鼻子发现的什么东西可能会使耳朵竖起来，而耳朵听到的声音可能会使鼻子警惕起来，开始四处搜索。耳朵和鼻子这两个器官团结一致、互补不足，完成着无比复杂的活动。它们的感官知觉范围包括温暖和寒冷、声音和气味，以及风、天气和运动。[1]

象的特征

这些强大的感觉器官后面是相对较小的大脑。比巨大的颅骨小很多的颅腔悬在含气骨组成的网络中，这种含气骨中充斥着空气，外面覆盖着黏膜。大脑就隐藏在里面，远离外面的颅骨。这些骨头直接连接着从鼻子导入的鼻道，可以比作扩大了的鼻窦和面腔。这种特殊的安排使气味和其他所有对环境的印象有可能被空气带入颅骨内部，为大脑提供了外界的信息。大脑在某种意义上被嵌入了环境中，成为生动的感觉晴雨表。

这印证了许多观察者所报告的现象——不论是河流和小溪、沙山和黏土山，还是平原，象都能在 1000 米或更远的地方闻到它们不同的气息。空气和大地都是打开的大书，象不是在阅读它，而是在嗅，在感受和感知。

为了维持自己那巨大的体重，象的进食量和排泄量都相当惊人。这些穿过身体的食物很少被吸收，其中一个原因是，象的消化过程十分低效。它那纯素食的营养几乎有一半未经消化就在穿过 35 米长的肠

---

[1] 凯蒂·佩恩（Katy Payne）的研究显示，象的听觉包括一个人耳听不到的次声区。象可以通过极低的声音在相距数千米时互相交流。风和波浪也会产生次声，通过地面传播。象通过这种方式对土地、水和空气有了无比全面的感受。

第四章 象

道后离开了体内。象在 24 小时内能进食 150 千克~170 千克,喝下 70 升~100 升水,每天能制造 80 千克~110 千克排泄物。

没有任何圈禁区域能够大到满足它们这么大的食物需求量。这就是为何象都是流浪者,永远在迁徙,不论在森林还是草原,在稀树草原还是山峦,它们都能适应良好。理查德·卡林顿(Richard Carrington)这么写道:

> 野生象占领了各种各样的环境,看起来在各类环境中都一样舒适自在。不论是在森林还是在灌木丛,在高温的高原还是在酷热的岸边平原,在斯里兰卡的闷热山谷还是在海拔 2500 米~4000 米非洲山峦迷雾笼罩的斜坡上,它们都适应得很好,过着快乐的生活。[①]

在惊人的适应力方面,人类和象不分伯仲。唯一的不同是,为了对抗糟糕的气候,人类需要借助各种各样的发明创造,比如衣服和房屋、取暖器和空调。在这方面,我们落后于象,因为象通过惊人的内在世界适应力掌控着各种各样的环境。它的体温也和人类相近(大约 36°C),它的身体就像一个暖炉。

人类花了很长的时间才弄明白象是否会睡觉,以及每天睡多久:

> 没有人曾看到过野生象在野外睡觉,也没有研究者或猎人能够观察到月光或日光下睡觉的象群。象的睡眠时间太短,而且程度太轻,所以在很长一段时间里,人们认为它们只是在白天有一段半睡半醒的状态,而且是站着完成的。[②]

贝内迪克特(Benedict)和黑迪格尔(Hediger)为解答这个问题做出了相当多的努力,他们最终都成功观察到了睡觉的象。他们不得不做好了最详尽的预防措施,因为这些动物非常敏感,人类的出现会

[①] 卡林顿,《象》(Elephants),61 页。
[②] 布隆德(Blond),《象》(The Elephants)。

立刻惊扰到它们。两位研究者都能独立地确定，在子夜十分，成年象会躺下睡两三个小时的觉，而小象睡的时间则更久。

它们的睡眠时间短并不会令我们感到困惑，因为这些庞然大物的大脑相对较小，意识相对迟钝，主要集中在低等的感官上。象的图像感知过程就如做梦一般，所以没有必要长时间睡眠。

这里体现了鲁道夫·施泰纳的以下论述：

> 只有当我们特意去倾听动物对其身体的自我享受时，我们才能恰好观察到它的内在生命。这是本质的东西。只有当我们观察一种动物如何享受外在环境时——只有当我们恰好观察到它如何体验自身的消化过程时，我们才能模糊地看到它的天性。我们如果想体验动物的内在体验，就必须进入器官的领域。动物对这种体验有一种内在的满足，而且只有能被内心持续感受到的外部事物，对动物来说才有意义。[①]

我们可以利用以上论述解释一些我们已经留意到的象的特征。我们可以勉强拿这种动物当作例子。看起来，象给予自己消化器官的精力要比其他动物少一些，因为它只转化了食物中半数的营养。相比于更擅长消化食物的动物，比如牛，它在新陈代谢中的睡眠时间更少。其余的睡眠时间被感官过程中的"梦境"替代。动物们体验着能于内在持续感受的东西。这体现在象身上就是一种对周边环境——土地、水和空气的模糊的感知。不论是"穿透一切的光线"还是光明的白昼或星光闪闪的黑暗夜晚，都不在它的体验之中。因为这个原因，它的身体外表也是一样灰暗无光。它的皮肤没有纹路的装饰，它的内在生命也是单调晦暗的。但它就透过这晦暗的色调感受着香味和臭味、风声和水声、山谷的热气和山上的暴风雨、湍急的河流、潺潺的清泉、嚎叫的动物以及动物们踩断的枝叶。正如光给了人类思想，象通过灵敏的嗅觉获得属于它的独特智慧。我们听到的声音和音调，这些庞然

[①] 施泰纳，《来自人文学科的答案》，1910 年 11 月 10 日的演讲。

大物听起来可能就是噪音。

当词语的发音被思想之光理解时，人类就明白了词语的意义。对于象来说，当千百倍灵敏的嗅觉遇到多种多样的声音，它们就会产生模糊的理解力，进而带来行动。我们刚才所提到的象鼻子并不仅仅是个鼻子，还是在前面开路、作为向导的肢体。它们没有概念、没有想法、没有目的，有的只是行动、本能和欲望的刺激。它们已经用一成不变的方式在这个物种当中工作了千万年，引导着象群和每头独象从一个地方迁往另一个地方。

"动物将它力所能及的和生命允许它体验的带到世界上。"鲁道夫·施泰纳在演讲中如此说道。他还说，"动物在它的心中体验到的是什么呢？它体验到自己的种群从生到死"。

这适用于象，它体验着自己种群的天性，生活在属于这种天性的意识中。象沉浸在这种意识流中，并且随它而动，在地球上完成着自己的任务。

团体意识

有时候会出现落单的象，通常是雄象，它们在老了以后，会在疾病和痛苦的状态下离开族群。现在，它们完全身处野外，只能自给自足。有时候，两三头年长的雄象会凑在一起，组成脱离族群的伪团体。

其他的象都生活在族群团体当中。族群中的成员彼此之间或多或少有亲缘关系。卡林顿说道：

> 族群包括父母和孩子、兄弟姐妹、叔叔阿姨、侄子侄女、外甥外甥女，可能还有少数的来自外部并被族群接纳的姻亲。成员的数量各不相同，小族群可能包含 10 到 12 头象，大族群则可能包括 50 头及以上的象。[①]

---

① 卡林顿，《象》，62 页。

族群偶尔会发现自己身处更大的团体。这种现象只有在食物或水源短缺，它们被迫前往特定区域时才会发生。然后，它们会在这短缺时期待在一起。有时，族群之间的成员可能会有交换，但很快，家族团体就会作为完整的单元离开。

　　这并非人类概念中的家族团体。象不是单偶制动物。雄象在交配期间和雌象接触，在雌象怀孕的前几个月陪伴着它，然后就离开了。在大部分情况下，雌象对雄象失去了兴趣，它全身心地投入到繁育后代当中。象的孕期长达22个月，通常一胎只有一头小象。双胞胎比较罕见，但也有人看到过。新生的小象紧紧依偎在妈妈身边，象妈妈常常选择一个同伴帮助自己养育孩子。

　　出生几个小时后，大约100千克（约220磅）重的小象就能站立和行走了。几天后，它就成为族群的一员。它和其他小象一起成长、玩耍嬉闹，沉迷于各式各样的恶作剧。象在8到10岁的时候步入成年。雌象在10到15岁之间步入育龄期，但真正的成熟时间是在20岁之后，和人类一样。

　　象妈妈们全身心地照料着孩子，它们会照顾和庇护孩子很多年，之后，当小象们长大之后，它们依然会被妈妈们辨认出来，有可能是凭借它们身上特有的气味。[①]虽然偶有例外，但通常情况下，象群中领头的一般是雌象。当族群迁徙时，雌象倾向于跟着头象走在最前面。它们把小象带在身旁，后面跟着的是年轻的象，年轻雄象通常走在族群最后。族群团体的精神是统一的。受伤或生病的成员被带到队伍的中间，受到大家的照顾。

　　象群是依靠血缘关系组成的团体，家族成员一起生活和历练，一起回应集体本能。年幼的象所体现的个性化特征会在成长中逐渐消失，又在年老时重现。然后，年老的雌象和雄象会离开族群，开始独自生活。

　　象变老的过程也和人类相似。它在60岁之前都有繁殖能力。到了60岁，磨牙停止自我更替，而随着磨牙的消失，衰老的过程逐渐蔓延

---

① 根据凯蒂·佩恩的研究，象也能从很远的距离辨认出另一头象的声音。

至全身。年老的象的赴死之地——大象坟墓真的存在吗？不论是真是假，这个传闻可能永远无法确认了——现在，太多的象死于人类的迫害和屠杀。

然而，我们依然有可能拼凑出它们在自然生存条件下的样子——由雌象引领的家族群体，构成了超越个体存在的团体。这很像人类社会的早期形式。象另外几个和人类相似的特点是成熟年龄、寿命和体温。还有一个事实，即它们的长牙属于恒牙，在生命的早期阶段替代了乳牙。

这些特点暗示着象和人类之间存在的紧密的生物学关联，虽然在身体形态上它们与人类相去甚远。因此，有个问题就浮上水面了——象来自哪里呢？

起源与迁徙

我们已经提到一个令人吃惊的事实——在史前时期，长鼻目家族共有 352 个种群遍布在几乎所有的大陆。这庞大的动物族群留下的最后的后裔是非洲象和亚洲象。

直到 20 世纪初，它们的起源还是一个谜。少数已灭绝的长鼻目动物骨骼被人们发现。它们都是庞然大物，有些体型比现代象还大，有些比现代象略小。它们的长牙或者向前凸，比如互棱齿象和古棱齿象；或者弯曲向上，比如猛犸象的诸多种群。它们颅骨的构造千差万别，腿足部位的骨头也呈现出许多不一样的特征。但这些动物都是一棵主干未明的进化树的分支。然后，在 1901 年和 1904 年之间，两位英国研究者——比德纳尔（Beadnall）和安德鲁斯（Andrews）在位于开罗西南部法尤姆省的古老湖泊摩里斯湖（Lake Moeris）周边区域寻找化石时，发现了当时未知的动物骨骸。被发现的有一种古老海牛的遗骸，一种前额上有角的奇怪动物（埃及重脚兽），还有三种不同的长着长鼻的远古生物。它们被归类到同一个家族之下，命名为始祖象，英文学名 Moeritherium，意为来自埃及摩里斯湖的野兽。这些样本的体型比现代的猪大不了多少，上颚部位已经出现象牙的痕迹。它们的颅骨也有含气骨，就像我们在象的颅骨内发现的一样，而肢体的骨骼则体现了只有长鼻目动物才有的构造。①

贡献了这些细节的卡林顿如此写道：

> 北非的大部分地区都曾被古老的海洋特提斯洋（Tethys）覆盖，而现在干旱的撒哈拉地区曾经是一片沼泽和肥沃平原，从今天的大西洋中部一直延伸到阿拉伯世界最东部。科学家们相信，这里曾是始祖象的家园。解剖学显示，它们是偏爱沼泽地的半水栖动物。②

所以，这是一种体型相对较小的动物，从一开始就拥有了许多象的标志和特征，在北非的水域和沼泽地繁衍。也是在这同一片区域，研究者们后来发现了一种类似的遗骸，这种动物的体型和貘差不多，出现的时间更晚，但是依然和始祖象共存。研究者们推测这种体型更大的动物已经更适应干燥陆地的生活。然而，生活在同时间的始海牛则是完全的水生动物，但也是长鼻目动物的近亲。

于是，我们在水和沼泽的世界找到了象和与之相关的动物的起源。它们诞生的摇篮在北非，它们从那里向北、向南、向东、向西发展，在这个过程中体型逐渐增大，也逐渐变得更有力量。在体型增大的同时，长鼻长了出来，以平衡更大更壮的身体。

卡林顿相信："最初的迁徙方向是亚洲，然后亚洲成为繁衍和散播的中心。长鼻目动物正是从非洲和这第二家园开始了遍布全球的迁徙。"人们还认为，它们经过西伯利亚和阿拉斯加抵达美洲。

在远古时代早期，它们开始出现在现代北非所在的区域。在始新世和渐新世时期，始祖象、始海牛和渐新象出现了。

自中新世以来，庞大有力的长鼻目动物似乎一夜之间出现了——

---

① 现在，即便是始祖象也不再被视作现代象的祖先，它只是一个已灭绝的分支的祖先，它不是长鼻目动物的最早形态，也不是与海牛的连接环节（E. 泰牛斯在《格奇梅克动物百科全书》第四卷中的言论）。

② 卡林顿，《象》，108页。

东方有恐象出现在亚洲大陆，西方有乳齿象出现。作为优势物种，它们散布在世界各地，为逐渐安身于大地的人类准备好了空间。它们是开拓者，人类追随着它们的脚步；它们为人类兄弟准备好了生存的条件。

鲁道夫·施泰纳常说，远古时代的大气条件和现在非常不同。那时，空气和水依然混合在一起，包围着地球，而所有的生命存在都被包裹在永不消散的大雾之中。万物的轮廓都在厚厚的雾纱之中游动，日月星辰的光芒都被大雾阻挡。

地球的表面是柔软的。植被在疯长，热带植物覆盖着大地。只要留意这些迹象，我们就能理解长鼻目动物的长鼻真正的天性。这个器官是大雾中唯一的途径和方向。它能闻气味和探测环境，还能触摸以及感知眼睛还未看到的很多东西。长鼻起到了潜望镜的作用，使这些强大的生物在古大陆的水汽和火光中找到前进的方向。

慢慢地，通过进食消化，它们帮助解决了植被过剩的问题，于是成了人类进步路途中的探路者。

今天，象依然喜欢水源。它们是陆生哺乳动物中最擅长游泳的，能够跨越最宽阔、最湍急的河流。它们还喜欢跋涉狭窄的河道，只把鼻尖露出水面。所以，象鼻仍然是一种潜望镜，时不时地被象这样使用着。卡林顿这样写道：

>　　象有时会游泳，或者在浅浅的泥水池里翻滚，纯粹为了享受待在水中的乐趣。象在水中的洗澡派对是十分有趣的景象。它们在四溅的水花中吼叫，往身上喷水，或者就直接整个躺在水中，露出年长绅士在海边享受冲浪浴那样的满足表情。[1]

布隆德描述了象与水的这种内在联系：

---

[1] 卡林顿，《象》，70 页。

乍得（Chad）的象有时花费半数的时间待在水中。在柏柏尔人的古老教义和尼罗河新石器时代文明的遗存中，我们可以不断地发现象和水之间的联系。峭壁上的诸多绘画描绘了波浪旁的象，而波浪正是水的象征。①

他用一个章节描述了象群在夜晚沐浴，然后从河中走出来的景象，在末尾他这么写道：

它们高大的身影出现在河岸，那是巨大的黑色剪影，如无烟煤一般闪烁着微光。它们是生命之初的印象，诞生在黑夜，从水中浮现，再一路征服大地。

人与象

人类与长鼻目动物之间一定有过紧密的联系，它们为后来定居在陆地上、追随它们步伐的人类开拓了空间。当时的人类部落和象家族一样，靠血缘关系紧密相连。人类当时处于支配地位的社会形式也是母系氏族社会。新的社会形式是逐渐出现的。②然后，大陆逐渐被灾难性的大洪水淹没，地球表面今天的样子逐渐呈现出来。

长鼻目动物被此次大灾难毁灭了。那些没有立刻灭亡的动物种群后来也因为环境的变化逐渐消失。有些种群试图适应冰川时代，比如北方的猛犸象，但是它们被冰雪和持续的寒冬毁灭了。这些巨兽在与更加强大的事物的抗争中死去。它们的时代终结了。

但是，和一些离开沉没大陆的人一起向东迁徙的动物演变成了后来的象。鲁道夫·施泰纳区分了南北两个分支：

在人类的发展过程中有一个分支起源于从古大陆往北迁

---

① 布隆德，《象》。
② 参见施泰纳，《宇宙记忆》。

徙的种族。在迁徙的过程中，他们经过的地区包括今天的英国和法国北部、斯堪的纳维亚半岛、俄罗斯，并一直延伸到亚洲，进入印度。另一个分支向南迁徙，路径从大西洋延伸至西班牙南部，穿过非洲，抵达埃及，再由埃及到达阿拉伯半岛。这两个分支都颇具规模，从古大陆往东迁徙。①

从这里我们能找到现存的两个象家族因何存在。印度象伴随着北部的迁徙分支，而非洲象则与南部的分支一同迁徙。它们之所以存活下来是因为它们跟随着那些从古大陆逃出前去寻找新的生命资源的人类。它们是存活到今日的那个古老年代的纪念碑。法国和非洲的许多洞穴和峭壁中的古老壁画都是这个说法的见证。在石器时代的绘画中，象的轮廓被清晰地描绘出来。西班牙的宾达尔洞（El Pindal）中著名的绘画展示了一头象，它的心脏被标识出来；而在法国北部的画像上，象都长着长牙。很有可能亚洲象是互棱齿象的后裔，而非洲象可能是从乳齿象演化而来的。

希腊和罗马时代的硬币将象描绘成太阳和月亮的崇拜者——也许这是因为象在古大陆沉没之后才看到这些天体，那时大气已经洁净，日月星辰的光芒得以照射到地表。

在印度，象尤其受到尊敬和崇拜。在印度教中，因陀罗神就骑在一头叫作艾拉瓦塔（Airavata）的大象身上。艾拉瓦塔代表了象的原型，后来所有的象都是它的后裔。如果我们考虑此前所述的象和大气之间的紧密关系，就能在因陀罗神骑着艾拉瓦塔的形象就获得了新的特殊含义。

时至今日，白象一直在印度享有最高荣誉，它们很可能是患了白化病的象。在一头白象被捕获之后，它会在节日游行中被引向统治者的王座，被统治者以崇高的敬意接受，并被带到建造好的特殊建筑。它会在这里度过余生，被仆人们照料，吃着最好的食物。在接受白象的仪式上，有一些演说。其中一篇的结尾如下：

---

① 施泰纳，《东方之鉴于西方》(*East in the Light of the West*)。

噢，象父，我们乞求您，放弃回归森林的热望。看看这奇异的宫殿，这天堂般的城镇！这里遍地鎏金，您的双眼想看到、您的心中想拥有的一切都能在这里找到。是您的盛德将您带到这里，看看这城镇，享受它的繁华，成为万王之王的陛下最宠爱的宾客。

在非洲俾格米人猎象之后吟诵的仪式歌曲中，它们这样描述象父：

　　哦，象父啊，
　　我们的矛不慎脱手了！
　　哦，象父啊，
　　我们本不想看到您死亡，
　　我们本不想让您痛苦！

　　象作为"父"的角色频繁地出现在印度和非洲的仪式歌曲和演说中。
　　白象似乎承载着救世主的暗示与预言。相传，遇到白象的人们会有所顿悟。
　　慈父般的艾拉瓦塔从创造界来到因陀罗神身边做他的仆人。在古大陆时代要结束时，地球上到处都是它的创造。它们清洁了大气，点亮了大地。它们的工作完成之后，就被"召回"了，只有一些它们古老力量的见证者留存下来。
　　那些地球上曾经的王者现在成了"乞丐"，等待着被拯救。大自然通过它们发出阵阵呻吟。曾经的贵族不得不成为奴仆，而它们也甘愿向命运低头。

第五章　熊部落的神话

神话中的动物

每一个动物种群都会经历独特的诞生、繁衍、壮大,并最终从地球上消亡的历程。它们的命运也各不相同。我们绝不应当去判断某个物种是有用还是有害,这样就误入歧途了。虽然在布雷姆和他同时代的作家的作品中,甚至在现代作家的作品中重复地出现这种判断,但这是由于他们的思考方式是基于人类主宰地位的老一套目的论。物体是可以称为有用的,但动物是有生命的。就像我们不能判断一个人是有用的还是有害的一样。每一个人都值得生活在地球上,否则他就不可能诞生。

同样，我们应当看到每一个物种自身的价值。虽然动物们只是自己种群和家族中的成员，它们却在创造的蓝图中担当着只有它们才能胜任的任务。未来动物学的目标就是识别和描述这项任务。目前的行为学研究为这新图景打开了第一扇门。当民族学现象获得更偏向精神层面的诠释时，另一扇门又将打开。然而，人与动物在文明国家中发展出的关系并不能被视作常态。

　　不论是在大城市还是小城市，住宅区还是郊区，人类的生活几乎完全脱离了动物世界。人们为自己创造出了"专用地"，把剩余的小片树林和草原留给动物。在亚马孙河（Amazon）流域的森林和沼泽、非洲中部和南部的某些地区、婆罗洲（Borneo）、西里伯斯岛（Celebes，印尼苏拉威西岛之旧称）和新几内亚（New Guinea）这些未被现代文明沾染的地方，人与动物共同生活在更加紧密的共同体里。它们知道彼此的存在，并互相合作、对抗，互利共赢，形成了一个生存的共同体，一种共生关系。动物对人类的生活有着深刻的影响，人类反过来也对动物的生存产生了至关重要的影响。戒律、节日和巫术的根源并非只有恐惧和迷信，动物的世界——它们的行为以及与它们相关的幻想和超感觉经历——渗透到和它们一起生活的土著居民的臆想世界、感觉和行为当中。

　　早期的先民与动物甚至拥有更紧密的联系。曾有过一段时间——例如柏拉图记录的古文明时期——不仅众神和英雄化身人类的身躯行走在觉醒的"地球之子"之间，动物也和人类相去不远。它们影响了人类的感官世界，并且创造了自己的事迹和成就。众神、英雄、人类与动物共享着生命。它们通过行为和宗教信仰、仪式和庆典交流；它们互相触碰，影响着彼此的命运。

　　我们在骨头和化石中找到这些活动的痕迹，它们作为古老文化的遗存重见天日。不过，我们不能就此认定只有这些遗物曾经存在过，大部分过去存在的事物可能都未留下踪迹：它们的物质基础太脆弱、太容易腐坏了。

　　当时的动物身体和外形尚未定型，远比现在更容易改变。另外，动物与人之间的鸿沟上尚有许多桥梁。不仅猿类发生了形态转变，食肉动物、反刍动物、大象、海象、海豹和马同样如此。神话中的潘神和半人半马怪在传说中是曾经联系进化过程中的动物群体和发展过程中的人类种族之间的桥梁。始祖鸟是与半人半马怪类似的过渡形态：它连接了鸟类和爬行类动物，而半人半马怪则在有蹄类动物和人类之间搭建了一座桥梁。童话中人能变成动物、动物能变成人的魔力就是曾经持续发生的自然活动留下的痕迹。

熊家族

夜晚，大熊星座在地球上对应的地方——北极圈、加拿大森林和西伯利亚、俄罗斯北部沼泽和斯堪的纳维亚的许多省份，就是熊部落的家。

往南的地方也有熊类出没，不过在靠近北回归线的地方它们的活动范围更小，数量要少许多。这里的熊体型更小，还丧失了威严。在东南亚和南美洲，两条狭窄的分布带跨越了赤道。

在北半球生活的熊强大有力，越往南熊的数量越少，活动范围越小。熊类的不同种群在地球上呈带状分布，亚洲种群和美洲种群的外形有所区别。它们的分布区域就像是许多圆锥的基圆，所有的圆锥都有一个共同的尖端：北极星和环绕着它的大熊星座。

在北极圈以北的冰雪荒原上生活着北极熊，在整个北极都能看到它们的踪影。布雷姆在书中写道：

> 在北美洲北部的东海岸，巴芬湾（Baffin Bay）和哈得孙湾（Hudson Bay），格陵兰岛（Greenland）和拉布拉多半岛（Labrador），斯匹次卑尔根群岛（Spitsbergen）和其他的岛屿上，都可以见到地面和浮冰上的北极熊。在新地岛（Novaya Zemlya）和北西伯利亚，哪里有北极冰，哪里就有北极熊。①

---

① 布雷姆，《哺乳动物》（*Die Säugetiere*）。

另一个环状分布带从东亚延伸到北美，是黑熊的栖息地。它们往南扩散到加拿大和美国，一直抵达墨西哥。

棕熊是分布比较普遍的一种熊，人尽皆知。它的体型不一，毛色和外形也千差万别，动物学家们费了很大工夫才区分出它的不同亚种。用布雷姆的话说：

> 如果我们将所有的形态都统称一种单一物种，那么它的分布范围就从西班牙到堪察加半岛，从拉普兰（Lapland）和西伯利亚一直到黎巴嫩和喜马拉雅山西部。

在欧洲，棕熊依然生活在几乎所有的高山山脉：南阿尔卑斯山脉、阿布鲁齐（Abruzzi）、比利牛斯山脉（Pyrenees）、喀尔巴阡山脉（Carpathians）、巴尔干山脉（Balkans）、高加索山脉（Caucasus）和乌拉尔山脉（Urals）。它们定居在瑞典、芬兰和俄罗斯的森林里，它们在北亚和中亚繁衍，在叙利亚、巴勒斯坦、伊朗和阿富汗（Afghanistan）也能看到它们。体型大的棕熊生活在东北亚，阿穆尔盆地（Amur Basin）周围，库页岛（Sakhalin）和堪察加半岛（堪察加棕熊）上。北美棕熊和北美灰熊也是体型壮硕的亚种。阿拉斯加湾的科迪亚克岛棕熊是世界上体型最大的熊。

在南亚缅甸密林和沼泽里生活着亚洲黑熊，它们也活跃在印度北部和克什米尔的喜马拉雅山坡上，并由此北上到西伯利亚东南部。

再往南生活着懒熊。它们遍布整个印度，在斯里兰卡也有它们的身影。再往东南，马来熊分布在苏门答腊岛和婆罗洲岛。①

横跨赤道分布的两个亚种是马来熊和分布在安第斯山脉远至玻利维亚的眼镜熊（安第斯熊）。中国南部和美国生活着体型较小的熊类，它们只是真正的熊类的远亲，外形如同貂鼠和猫（浣熊、蜜熊、长鼻浣熊、小熊猫）。但中国有一种熊体型和真正的熊一样，就是毛色黑白相间的大熊猫。

---

① 虽然领地得到扩展，亚洲黑熊的数量却在今天急剧缩减，而由于栖息地——印度干燥林的消失，懒熊几近灭绝，目前只有在国家公园才能看到它们的身影。

第五章　熊部落的神话

熊家族在地球上的分布显示它们的家在北方。非洲、澳大利亚和新西兰以及南极洲都没有熊的踪迹。熊属于北部的三个大陆，它在人类的生命、行为和直觉中扎下了根。人类和熊联系在了一起，我们尊重、惧怕并且崇拜着它们。我们与它们斗争，试图征服它们。

多样性和易变性

熊是一种食肉动物。它们像猫和狗一样形成了紧密的家族。动物学家将熊列为跟狗相近的动物。在欧洲北部还找到了一些熊类起源的证据，不过很难确定地阐述。无论如何，熊与冰河期的开始与结束有着紧密的联系。在许多欧洲洞穴中，人们发现了大量已灭绝的穴熊的遗骸。这些巨大的穴熊是石器时代的猎人最热衷的猎物，它们头部和面部形态的多样性令我们震惊。厄赛尼奥·阿贝尔（Othenio Abel）说：

> 这些地层（冰河期晚期）中的穴熊的头骨形状差别很大，有些长着完全扁平的额头，让人联想到原始熊类，有些则长着深陷的前额……有的头骨鼻口的长度惊人，而另一些头骨的面部却很短……奥托·安东尼乌斯正确地指出了米克斯维泽（Mixwitzer）穴熊头骨的变化范围明显能令人联想起某些犬类（德国牧羊犬、大丹犬、巴哥犬）……毫无疑问，我们在这里看到的熊类的多样性是惊人的，超过了目前已知的堪察加熊的变化范围。①

所有的熊类都展现出这种能够演化出多种形态的独特能力。因此，布雷姆写道：

> 在熊类之间，不仅毛色，连头骨都有惊人的差异。的确，一个地区的个体不难通过毛色区别于远方的个体。然而，如

---

① 阿贝尔，《古生物学》（*Paläobiologie*）。

果你观察这两个个体之间以及整个变化范围内的形态，你就会发现区分两种形态变得困难起来了。

这一点是十分重要的，因为它描述出了整个熊族的特征。除了南方的亚种，没有哪一种熊是容易定义或区分的；就连北极熊和棕熊都有紧密的联系，可以杂交。它们和犬类的繁殖一样具有可塑性。犬类的这种可塑性与它亲近人类有关。熊类和人类走得也很近。就连现在的某些部落，比如日本北部、千岛群岛和库页岛上的阿伊努人，以及通古斯人和吉利亚克人，和周围的熊族都还拥有最为亲密的关系，事实上这是一种宗教关系。

人类虽然能成功地驯服和训练犬类，却未能驯服熊。当然，你会时不时地看到会跳舞的熊，但这个族群在整体上保留了自己的野性和自由。熊和人走得很近，但这是在平等的基础上，它其实从未被人类降服。熊会逃离那些可能毁灭它们的人，而与对它们有好感的人和睦相处。只要熊被视作独立的种族被尊重，它们就可以和人类共同生存。熊类身体的形态和毛色的多样性提醒我们人类种族的多样性。虽然现在我们还无法掌握所有的联系，但熊类和犬类都展现出这个其他物种不具备的特点。

熊的天性

熊类不仅生活在人类的附近，在其他一些方面，它们与人类的联系也比其他大多数动物更紧密。首先，它们主要靠双脚行走，整个脚底都踏在地面上，包括脚后跟。除了北极熊，其他熊的脚底都不长毛。

熊能够直立行走，它以直立的姿势走向自己的对手，直立地面对自己的敌人。在海因里希·冯·克莱斯特（Heinrich von Kleist）的著名文章《论木偶剧》(*On the Marionette Theatre*)中，有这样一段战斗描述：

第五章 熊部落的神话

我惊奇地看到那头熊用后腿直立，背靠锁住它的木桩，举起右掌准备战斗，并直视我的眼睛。这就是它的防御姿态。

击剑者耗尽体力也未能击中这只熊，随后：

> 熊像世上最强大的剑术家一样避开我所有的刺击，在我佯攻之时它一动不动（在这方面没有一个击剑者能比得上它）。它直视我的双眼，好像能读懂我的灵魂似的，它直立着举起前掌准备战斗，而在我的刺击意图不强时，它就一动不动。

在逃跑的时候，熊会四脚着地，用缓慢的步态逃走。包佩尔鲍姆（Poppelbaum）把熊的这种步态称为"拖着脚行走，有点懒散，蹒跚地小跑；它没有办法真正地飞奔"[①]。熊这样移动是有原因的——它的前肢短于它的后腿。那是它的前臂，而非前腿。它可以用前肢从灌木丛摘下成熟的浆果送入口中；它可以用前肢挖开蚁丘，将里面的东西如幼蚁和成蚁放入嘴里；同样，它也可以打开蜂巢，把蜂蜜拿出来，涂抹在嘴上。

当你看到熊的骨架由四肢支撑，你会立刻以为这种动物的姿态是前倾的。它那附带头部的脊椎向前落在较短的前肢上。如果你觉得熊曾经四脚着地，后来才直立行走的，那就大错特错了。事实恰恰相反！熊曾经直立着四处行走，后来却趴倒在地，就像现在它在逃跑或者巡视的时候所做的那样。这是突然呈现出的曾经具备的兽性。[②]

所有的观察者都谈到了熊的双重天性。一方面，他们谈到熊的无害、善良的性情，它对人平和的态度以及它常常表现出的耐心。林务

[①] 包佩尔鲍姆，《动物学》（*Tierwesenskunde*）。
[②] A. 彼得森（A. Pedersen）写道："根据沙斯塔部落的传说，神灵创造了灰熊，它比其他生灵更强大、更聪明。那时，灰熊像后来的人类一般直立行走。它们杀死猎物时不用牙齿和爪子，而是用棒子。"（引自《格奇梅克动物百科全书》第十二卷）

官科里蒙兹（Krementz）这样总结了自己长期在白俄罗斯南部的平斯克沼泽与熊相处的经验：

> 我从未听说过熊在遇到人时对人发起攻击的例子。相反，在大多数情况下，熊遇到人就逃跑……熊的性格很好，不过我们不能完全信任它；它不喜欢被烦扰，或者在休息的时候被吓一跳。①

然而，当熊受到打扰、惊吓或者突然受到攻击时，它天性中的另一面就展现出来。它会直立起身，兽性大发，非常危险。它会攻击其他动物和人，冲入围栏，杀死牲畜。这时候，缓慢行走、性情平和的四条腿的食草动物就变成了两条腿的、野性大发的掠食动物。然后，它起身战斗。但它并不是真正的食肉动物。作为一个平和的食草动物，它很接近犬类被驯服的状态。然而，当它凭双脚站立起来去战斗时，它就超越了食肉动物的天性，成为一个愤怒的"原始人类"。

> 熊会根据环境调整自己的行为，这是它高智商的表现：它可能表现出信任或谨慎，这取决于它的经历。虽然它就住在村子的周边，可能很多年都没人见过它，因为它知道如何隐藏自己，以及如何在夜间偷偷地外出寻找食物！②

然而，熊并不是典型的夜行动物。白天，在高耸的树林间、茂密的灌木丛以及南亚的丛林中那些荒凉的空地上，随时可能有熊出没。熊躲避着人类，不过对于它是否惧怕人类，我持怀疑的态度。它躲避人类源于自己的一种羞耻感，这也显示出它的高贵。它感受到了自己与人类的深厚渊源。它在暗示我们，它曾经也是直立行走的，就像人类现在这样。

熊和人一样，都有手臂，用双脚行走，但是它的头部和脸部很大，

---

① 布雷姆，《哺乳动物》。
② 格拉赫，《四足动物》（*Die Vierfüssler*）。

厚厚的皮毛覆盖了手臂和双手，如同袖子和手套一般。然而，像《白雪与红玫》的故事所说，在这皮毛之下，藏着王子，他金色的衣服常常透过皮毛发出光来。

熊出生时看不见东西，它浑身赤裸，个头跟老鼠差不多，它们需要六年的时间才能发育完全，这是不是很令人惊讶？在这六年间它们要寸步不离地跟着妈妈，它们的爸爸对它们不闻不问。相比于成年熊，这些小熊在许多方面仍然与人类相似。格拉赫写道：

> 对于我们来说好笑的是，小熊在行动时与人类有许多相似之处，比如它们笨拙的步态，直立以及使用前爪当作双手的能力。

在华特·迪士尼的影片《白色旷野》(*White Wilderness*)中，我们能看到北极熊幼崽玩耍的样子。它们滚雪球、打雪仗，像小孩子一样从雪坡上滑下来。除了人类的孩子，只有它们会这样翻滚、嬉笑、玩耍。

也许，这就是为什么泰迪熊会成为人类孩子喜爱的玩伴。因为熊从未被驯服，我们仿造了它的样子，使它成为孩子们的玩伴。泰迪熊就是野生熊的"可爱"版本。

人类对熊的态度

对人类的亲近，很明显地出现在熊的特点之中，而当我们研究人类针对熊部落的行为模式时，会发现这一点变得更加鲜明。

我们上文提到的阿伊努人与熊有着特殊的亲密联系。他们在每一个村庄都设立了抚养熊幼崽的特制笼子。阿伊努的女人们负责给太早与熊妈妈分离的幼崽们喂奶，然后幼崽们就在小屋中和养父母的孩子们一起长大，直到它们可以被放入笼中。它们三年中有两年会在笼子里生活，直到"熊祭"到来。

弗雷泽专门花了一个章节来描述这个节日，他试图拼凑所有现存的资料。这个节日每年都会庆祝，有时在冬天，有时在秋天。整个村子的人都会参加。首先，祭祀的长老会来到笼子前，对着里面的熊说话：

> 噢！神圣的熊……您降临世间供我们捕猎。噢！您这珍贵的小神灵，我们崇拜您，祈祷您能听见我们的祈祷。我们珍惜您，含辛茹苦将您养大，皆因我们爱您。现在您已长大，我们就要将您送给您的父母。当您见到它们，请为我们进善言，告诉它们，我们曾多么和善；请再回到我们身边，我们将献祭您。①

随即，熊就被抓出笼子，被游行的队伍带着穿过村庄。之后，钝头的箭射向这被献祭的动物。当它被激怒时，它的脖子就被两根柱子碾断。

在吉利亚克人的部落，熊会被带到村庄的每一户人家，每一位居民都会喂它粥食。然后，它的心脏就被插入利箭，女人们开始哭泣，唱起死亡之歌。

吉利亚克人和阿伊努人都会将熊挂着毛皮的头部安放在室内的荣耀之椅上，并且用它自己的血肉来供奉它。之后，它的内脏和肉就按照惯例被烹饪，供大家食用。供奉给祭祀动物的杯子在人们之间传递，每个在场的人都要喝一口。这个杯子被称为"供奉之杯"。

盛宴一般会持续好几天，女人们表演着祭祀的舞蹈。最后，每一个在场的人在踏出房门时，都会被村里的长老用桦树杆轻轻击打一下。

那乃人（Nanai）称这些用于祭祀的熊为他们的儿子和兄弟。许多阿伊努人说自己是熊的后裔，称自己为"熊的儿女"。他们认为熊是群山之神，因此他们说："我是山神的孩子。我的祖先是统治群山的神灵。"

弗雷泽试图理解这些孤立的事实：

---

① 弗雷泽，《金枝》，506 页。

我们被明确地告知，库页岛的阿伊努人并不认为熊是神灵，他们认为熊只是神的信使，他们赋予将死之熊的职责也证明了这个说法。很明显，吉利亚克人也将熊视作被派遣带贡品给山神的使者，因为山神主宰着人的福祉。与此同时，他们又将熊视作比人高一个等级的存在，相当于小神，它们仅仅待在村庄中被喂养，就足以为村庄带来祝福，那些偷人财务、带来疾病的恶魔都被它阻挡在外。①

被圈养、最终被吃掉的熊的个体作为牺牲确实是神的"信使"，因为它只是伟大的存在——"熊"的一部分，这些人了解熊和它的习性。

阿伊努人、通古斯人和吉利亚克人与熊为伴，每个夜晚，尤其在冬天，他们都能看到大熊星座在头顶闪耀。也许，他们有一种直觉，那上面是神灵的居所，它们变成熊的样子来到人间。下面这段文字十分有趣：

> 组成大熊星座的七颗星星一点都不像熊的样子，然而它们却为世人熟知，就连从未见过熊的野蛮人都知晓这个名字。②

所以，原始人类将这个星座命名为"大熊星座"，并非因为它与熊的外在相似性。原始人擅长做梦，他们活在想象之中；他们在夜空中看到了熊的面孔，并用熊命名这个星座。

伯尔尼旧城的入口曾设有关熊的围栏，就和阿伊努人和吉利亚克人有熊笼一样。童话中女巫将汉瑟关入笼中，为的是把他养肥再杀掉，这是否令我们想起日本与瑞士的熊围栏呢？

许多城市（包括柏林、伯尔尼和贝恩堡）不仅在名字中包含熊的发音，盾徽上也有熊的形象。在这些地方，熊被视作人类的保护者，是环绕着北极星的大熊星座的一部分，它看守着地轴——地上世界的大门。

---

① 弗雷泽，《金枝》，315 页。
② 贝利（Bayley），《失去的符号语言》（*The Lost Language of Symbolism*）第一卷，115 页。

经典意象

于是，意象出现了，并且逐渐完整起来。例如，生活在喀尔巴阡山脉的哈族尔人（Hulzuls）对熊十分尊敬，他们不会对熊直呼其名。熊在当地被称为"小叔"，甚至还有更恭敬的称呼——"伟大的唯一"。拉普人在捕猎时如果杀死了熊，就必须遵循一系列禁忌。猎人要经历三天的涤罪仪式，三天后他们才被允许进入女人的屋子。另外，拉着雪橇运送熊尸体的驯鹿在一整年内都不能被女人触碰和喂养。①

女神阿尔忒弥斯的伙伴被称作阿尔克陀一（Arktoi），也就是母熊的意思。凯雷尼（Kerényi）说道：

> 阿尔忒弥斯在某个时刻一定也是一头熊，或者在更古老的时候，当希腊的动物群生活在更南的地方时，它是一头雌狮。②

故事中还说，阿尔忒弥斯的朋友卡利斯托因宙斯而受孕，宙斯化成熊的样子出现在她面前。然而，如阿尔忒弥斯的所有同伴一样，她也发誓将永保处子之身。当女神在沐浴时发现朋友隆起的腹部，她非常生气，将她变成了一头熊。她就是以熊的身体产下了一个儿子——阿尔卡斯。然而，卡利斯托一直保持着熊的样子，生活在幽暗的树林中。有一天，她遇到了已经成为伟大猎人的儿子。沙德瓦尔特（Schadewaldt）描述道：

> 母亲认出了他，停下了脚步，想温柔地靠近自己的儿子。但是儿子只看到了一头野兽，于是举起武器，要杀死她——突然，宙斯将他们移开，把他们变成了天上相邻的两颗星星，安置在靠近天极的最美丽的位置。③

---

① 弗雷泽，《金枝》，221 页。
② 凯雷尼，《希腊诸神》（*The Gods of the Greeks*）。
③ 沙德瓦尔特，《古希腊星象说》（*Die Sternsagen der Griechen*）。

第五章 熊部落的神话

我们是不是都像阿尔卡斯一样,只将熊看作掠食动物,却忽略了她是给予自己生命的母亲?

"bear"(熊)这个词在第一个字母"b"中含有一种母性的、保护性的元素。富尔曼(Fuhrmann)对此有进一步的解释:

> 瑞典语的 barn(有"孩子"的意思)和 bär(bear)、boar、björn 这一系列的词语有着紧密联系。在瑞典,北极被视作生命之源,它常常被称作"母点",第一个从母点出来的动物可以被称作"孩子"……bär 也被叫作 ab-ra——也就是没有太阳的地方,即北极。①

我们很难判断这样的解释是否行得通。它们有某些象征,但是必须谨慎地使用。在北欧语的熊(bear)和孩子(barne)这两个词中,我们也能找到同样的词根。与之相关的还有"birth"和"to bear",后者意为"承担"或者"忍受"。

Arkas(阿尔卡斯)这个词看起来更加重要。阿尔卡斯是熊卡利斯托的儿子,而在更古老的希腊传奇中,他却是阿尔忒弥斯的儿子,阿尔忒弥斯当时的形象还是一头熊。阿尔卡斯是居住在伯罗奔尼撒半岛阿卡迪亚乡间的人们的祖先。希腊人称这个民族为"吃橡子的人",认为他们的历史"比月亮更久远"。②

凯雷尼说,"阿尔卡斯(Arkas)和熊(arktos)有某种联系"。除此之外,这个名字还同传说中古亚特兰蒂斯的最后一群人的名称有明显的相似之处。那些人被叫作阿卡迪亚人(Akkadians),生活在后来淹没在水下的大陆的北部区域。在这里,阿卡迪亚人与原始的极北之地的残余部落相遇了。后者是一种完全生活在灵魂国度的人,几乎无法进入世俗世界。阿卡迪亚人生存的这些地方在冰河时期末期古大陆沉入水底后又重新浮现,成为加拿大北部广袤的大陆,成为格陵兰岛、斯堪的纳维亚半岛和西伯利亚。我们必须将这些北极圈内的区域视作

---

① 富尔曼,《宗教中的动物》(*Das Tier in der Religion*)。
② 参见霍恩(Hoenn),《阿尔忒弥斯》(*Artemis*)。

熊部落的摇篮。

在希腊神话中，阿尔忒弥斯的弟弟阿波罗每年都会回到希柏里尔人生活的地方，这不是重要线索吗？还有，他们的母亲勒托就来自那片土地。阿波罗周身都充盈着阿卡迪亚人的特征，鲁道夫·施泰纳这样描述他们：

> 第六个亚种族——阿卡迪亚人进一步地发展了思维能力……思维的计算能力寻找着新的事物；它驱使着人类进取，去建立新的基地。因此，阿卡迪亚人是一个崇尚进取的民族，并且喜欢殖民。①

也许正是这种殖民的动力将他们带到伯罗奔尼撒半岛，于是就有了阿尔卡迪亚人。阿尔卡迪亚又是传说中潘神的家，欧里庇得斯（Euripides）称潘神为阿尔卡斯的同胞兄弟。潘神和熊一样，是拥有双重性格的存在。他平时是和善无害的，但如果在休息的时候，尤其是午休的时候被打扰，他就会生起敌意，变得凶残起来。潘神有着多重身份——克洛诺斯（Kronos）、宙斯、赫尔墨斯（Hermes）的儿子，他长着羊蹄和满是胡须的、粗犷的脸。

这里展示的联系并非最终的解释，只是为我们指明了一个方向，去寻找更多的线索。这样一来，我们就有可能更完整确切地了解这些象征的意义。

熊与不同地域的文化

现在，我们会着重研究熊的两个特点，因为它们清楚地表明了熊与人类的亲密关系。

熊不是群居动物。它独自在树林和沼泽间穿梭，如果几头熊在覆盆子丛或者遍布三文鱼的河流碰面，那一般只是巧合而已。所以，和

---

① 施泰纳，《宇宙记忆》，53 页、55 页。

其他食肉动物（狮子、狼）相比，熊是独行动物。公熊也不会照顾自己的家庭，只有在夏天的时候，在交配季节，我们会看到公熊和母熊在一起。随后，它就会离开母熊。到了秋天，母熊会独自找一个洞穴、一个幽深处的树桩或者厚密的树丛，然后就待在里面等待 12 月或 1 月幼崽出生。

适应理论无法合理地解释为何熊的幼崽在最冷的季节出生，身上却是赤裸的。这可能正是"物竞天择"的反例，因为熊爸爸此时也是缺席的，它已经找到山洞冬眠去了。

鲁道夫·施泰纳表示，在世界发展的早期，人类的繁衍依然和季节变化紧密相连。受孕只发生在春天，这时候万物萌动，所以生育自然就要等到年末了。

后来，这种行为改变了，因为人类逐渐摆脱了自然条件的限制。只有某些日耳曼部落，例如印盖窝内斯人（Ingaevones）直到公元前 3000 年还保留着这一特点。[①] 熊也保留了这一特征。它们依然在冬至日前后生下幼崽，保留了一种与适应无关的、延续早期传统的习惯，这种习惯在人类产生之前就已经存在。

哈族尔人称熊为"小叔"，有什么不对呢？熊难道不是他们祖先的"兄弟"吗？还有，阿伊努人和吉利亚克人欢度熊祭，称这动物为他们祖先的使者，不也是对的吗？他们通过举办熊祭与自己的先祖建立联系。阿伊努人身材矮小，体毛很重，和熊部落有着紧密的联系，这一点从他们的熊祭中就能看出来。

我们从这里能联想到一些德国童话中类似的元素。在《熊皮人》这个故事中，一个男人与魔鬼定下誓约，在七年当中以熊的面貌示人。"毛发遮盖了他整个脸，他的胡子也粗野无比，他的手上长着爪子。"在《白雪与红玫》的故事中，一个人被变成了熊，直到朝他施魔法的小矮人死去，他才恢复了人形。

现今的古生物学将熊的起源时间推至第三纪（如前所述），即中新世前后。冯·格莱希（Von Gleich）写道：

[①] 施泰纳，《谎言的业力》(*The Karma of Untruthfulness*) 第一卷，1916 年 12 月 21 日的演讲。

在始新世和渐新世时期，温暖湿润的气候逐渐演化成凉爽的气候，并且最终变得寒冷。有关中新世时期，特奥多尔·阿尔特（Theodor Arlt）曾说道："在欧洲，棕榈树穿过阿尔卑斯山地区向南退去。即便在气候温和潮湿的中欧，树叶都受到了寒潮侵害。北极的气温下降得尤其明显。正是这时，北极从白令海峡转移到格陵兰岛，引发了寒潮侵袭欧洲，并为后来的冰河时期拉开了序幕。"①

这时候，一些阿卡迪亚人往南方、东方和西方迁徙。另一些人因没有体会到同族的人觉醒的思考能力而感到不安，他们开始为世界即将到来的严冬做准备。这就是最初的熊家族。它们开始在北极圈周围扩散，掉落的巨大冰块将它们带到南方，穿过欧洲、亚洲和美洲，一直来到北回归线。在北极圈附近，它们成为北极熊；往南，它们进化成为棕熊、北美灰熊，还有其他我们知道的熊种。

熊是属于冬天的物种。它们身上披着厚厚的皮毛，在洞穴中躲避风雪和寒潮的侵袭。然而，北极熊却有能力与冬天抗衡。这就是为何熊喜欢吃蜂蜜，因为蜂蜜是夏季阳光带来的珍贵礼物，里面蕴含着忍耐严寒的力量。《卡勒瓦拉》（Kalevala）中的第四十六首古诗这样描述熊：

"告诉我们奥德索在哪里生养，
它是否生在食槽里，
养在浴室中央。
生养它的地方像不像样？"
万奈摩宁他就这样地答腔：
"它生来不是乞丐，
出生时也不匆忙，
也未生在食槽中央；
蜜爪子生在天上，

---

① 格莱希，《冰河时期的人类与亚特兰蒂斯》（Der Mensch der Eiszeit und Atlantis）。

在月亮的地域上，
在大熊星的肩膀上，
在造物主之女的近旁。"

我们试着探索了熊与不同地域文化的关系，现在我们了解了它的起源。《卡勒瓦拉》这样描述熊的漫游：

"奥德索，吃蜜的家伙，
林间的毛球。
前进吧，前进吧，要向前行！
离开这狭窄的住所，
离开这孤独的茅庐。"

第六章 天鹅与鹳

鸟的世界

在孩提时代我们就发现,每当鸟儿从南方飞来的时候,春天也跟着来了。太阳越升越高,人的心情也越来越舒畅。鸟儿为孩子们带回了光明和希望。春天的到来和鸟的世界的苏醒是紧密相连的。其他动物的重新出现(除了蝴蝶,它是夏天的信使)并不是那么重要。

从很早开始,鸟类的回归和和煦的阳光就在人类的心中融为一体了:就好像明媚温暖的日光拥抱着鸟类的世界,如同鱼儿离不开水,鸟儿也离不开明媚的春光、和煦的春风。春天是它们的王国。不过,世界处处都有例外,但这些例外的存在正是为了证明规律的正确。

第六章 天鹅与鹳

在温暖的阳光和微风中，鸟儿发展出了特殊的技能——飞翔，它们天生就有这个能力。鸟通常不需要学习如何飞翔，它自然就会。幼雏起初无法飞到空中并非因为它无法飞翔，而是因为它未发育完全的翅膀支撑不了过重的身体。发育完全的鸟不需要向父母学习如何飞翔。海豹的幼崽则不同，海豹妈妈需要花上数周的时间哄骗幼崽进入水中尝试游泳。

鸟儿会飞就和鱼儿会游泳一样自然，羽毛将它们带到空中。它只需放松下来，就能持续前进。正是这种对羽毛的服从，使得飞翔对鸟儿来说成了一件理所应当的事。羽衣覆盖了它的整个身体，像华美的服装，又像童话中的飞毯，带它飞越陆地和海洋。鸟儿要做的就是使自己成为地球温暖气流的一部分，气流就带着它前行。它感受着吹动的风和温暖的阳光，它和它们融为一体。

鸟儿的胸肌和肢体都十分纤弱，如果飞翔凭借的只是肌肉力量，那么它们本应当具备更大的力量。起飞和降落需要翅膀，飞翔则仰仗羽毛。它们的构造很神秘，在幼雏胚胎主体发育完成之后才开始形成。它们就像从外部被添加到鸟儿的身体上，使这赤裸的身体有了形状和结构，穿上了美丽庄重的外衣。编织这套外衣的力量不属于陆地，也不属于海洋江河，它来自温暖的气流和阳光。

于是，我们就能理解鲁道夫·施泰纳所说的，鸟带着自己的骨头和器官就如同我们扛着行李箱或者帆布背包这样的重负。"你不会把这些行李称作你的身体。同样，鸟儿在'谈论'自己的时候，也只会称自己为温暖的气流，将其他的一切称作自己在世间携带的行李。"[1]

鸟儿将自己完全等同于它所呼吸的、穿梭其间的温暖气流。其他的一切对于它来说都是异物，是不属于它的重负。但是这"行李"——鸟儿的身体——构造的方式十分特殊。

鸟的器官全部都被压缩在一个狭小空间里，几乎可以说是塞在胸腔和腹部之间。这里有心脏和胃、肺和肠、肾和生殖器官。这个空间几乎完全被肋骨环绕，在前方被有力的胸骨封闭起来。鸟没有膀胱，

---

[1] 施泰纳，《创造性世界的和谐》（*Harmony of the Creative Word*），1923年10月27日的演讲，89页。

所以尿液和粪便从一根管道排出。它也没有结肠，胸腔和腹腔之间没有膈。

相比之下，它的头部通过脖子延伸出去，鸟脖子通常看起来太长，有的又挺短。鸟的头部在严格意义上讲并不算是真正的头部，它更像一种附属器官，像植物的茎一般，两侧长着眼睛，前面长着坚硬的喙。喙在很大程度上决定了鸟类的属和种。我们通过鸟的外衣辨认它的类，而喙则表明了它的种。

如果把毛去掉，鸟儿的翅膀看起来小得可怜。由于它们的腿部基本上没长毛，这使它们看起来瘦弱如柴，可怜无助。

如果把鸟翅膀上的毛去除，它们看起来如同畸形，但长着羽毛的翅膀代表了鸟的力量，美丽、优雅。这些翅膀所展现的是鸟类真正的天性。它们凭借翅膀穿过气流，在温暖和光明中展示生命。

基于这个原因，在介绍自己有关鸟类的书籍时，格拉赫的说法是完全正确的：

> 鸟类是比我们轻的存在。它们不用拖着沉重的脚步在地上行走。大部分鸟都用脚趾轻轻地触碰地面，随时准备往高处飞。天空是它们自由飞舞的王国，它们想去哪儿就去哪儿。[①]

这种"更轻"的物体实际上是一种矿化的存在。例如，鸟排泄的粪便几乎完全被鸟盐包裹。它的身体的各个部分都如同脱水了一般。它的皮肤没有汗腺，羽毛是矿化的硬结，腿部和脚趾细小而坚硬。

它的身体内部管状的骨骼里充满了空气，因为它拥有一个气囊系统。于是，鸟儿的身体可以像气球一样飞向空中，并且不会掉下来。出于这个原因，呼吸和与呼吸相关的器官是鸟儿生命的核心。

这种身体结构赋予鸟类另一种独特的天分——歌唱。在这方面，没有任何其他物种能与它匹敌。有些鸟，比如鹦鹉、乌鸦和八哥，不仅会歌唱，还能模仿人类的声音，甚至能达到发音的程度。这和说话无关，只是鸟儿发声的能力极强。它能做到这一点是因为声音通过空

[①] 格拉赫，《羽毛》。

气传播，也就是由鸟儿本身传播。声音和空气、歌声和飞翔，都表现了空中世界暖风和阳光时时刻刻的互动。

在这个空中世界，鸟儿拥有自己的一席之地。它们一边歌唱一边翱翔在大地的上空。去想象空中没有鸟儿是不切实际。它们的歌唱和啼鸣属于天空，它们的飞翔和振翅也属于天空。鸟类就这样占据了我们星球的天空。

觅食和筑巢的习惯

鸟儿只通过一个地方与地面联系。不是它的脚趾轻轻触碰的地方，这只是转瞬即逝的肤浅的接触。蹦跳和行走都不是真正的联系。这些动作源于觅食的需求；需要这些行动的并不是鸟本身，而是它的喙。相反，鸟巢则是使鸟儿成为陆生生物的标志。所有能想象得到的物质都可以用来筑巢——泥土、枝条和小石头，苔藓、树叶、粪便和沙子。世界上有多少种鸟，就有多少种鸟巢。每一种鸟的鸟巢都拥有独特的形状和类型。

鸟儿把蛋产在鸟巢里（不同的鸟产下的鸟蛋数量也各不相同），然后就开始孵蛋。鸟巢创造了一个温室环境，下一代就在这个"烤箱"中烘焙成熟。这是一种典型的烘焙过程。鱼和蝾螈、爬行动物和所有的无脊椎动物利用自然做到的，鸟儿凭一己之力就做到了。哺乳动物将这个过程变成了雌性的身体组织，子宫成了有机的巢。鸟儿则为自己筑造了一个能够连续使用几周的孵化器。然后，这个孵化器就成了鸟儿和陆地王国联系的媒介。原本漂泊流离的动物暂时定居在了陆地上。

有两种幼雏会破壳而出：一种身上没有长毛，十分无助；另一种身上长着软软的绒毛，它们充满自信，一出生就活力四射。我们把第一种称作晚成雏（需要被喂食），把第二种称作早成雏（能自给自足）。19世纪伟大的自然学家洛伦兹·奥肯将鸟类分为这两大类。他在自然历史著作中充分地发展了这一想法，但是这个想法并不总是正确的。

在晚成雏和早成雏之间有许多过渡阶段，他的分类体系不再有效。[①]不过，这种二元性中隐藏着一个宝贵的原则，我们必须学会用正确的方式理解它。许多物种在降临这个世界的时候都具备这种二元性。

例如，袋鼠的胚胎十分依赖妈妈，它爬到妈妈的育儿袋里，咬住妈妈的胸脯；猛兽的幼崽降生时看不到东西，弱小无助；而有蹄类动物生下来就灵活敏捷，很快就能站立起来。晚成的物种常常需要母亲的保护，逐渐地发育成熟。

在鸟类世界，这个过程发生在羽毛发育的阶段，羽毛逐渐长满小小的身体，直到鸟儿准备好飞翔。羽毛分为两种——柔软的绒羽和较硬的正羽。首先长出的是绒羽，它的作用是覆盖身体和保暖。正羽逐渐长出，形成真正的用来飞翔的羽毛。（鸵鸟的羽毛由绒羽组成，所以对飞翔没有帮助。）

那么，和晚成雏比起来，早成雏有何不同呢？不是出生时无需保护即能生存的能力这么简单，而是别的什么，和个体物种的成长过程有关的东西。

比起晚成雏，早成雏与地面的联系更紧密。早成雏不需要等到羽翼丰满才活动。它们从蛋中孵化后就立刻开始了对世界的探索。它们四处跳一跳、啄一啄，一刻不停地叫着，尽管还跟着妈妈，但它们其实已经独立了。所以小鸭子们能走进池塘，而小天鹅们在诞生第一天就被父母带入水中。飞行的技能（如果具备）是后来习得的，因为飞行对于它们并非唯一必要的活动。

另一方面，晚成雏对地面较为陌生。它们诞生在鸟巢里，像一捆捆肉泥一样。如果父母不喂它们，它们就只能躺在巢中等死。它们的食物要被提前消化，然后放入它们张开的喙中。巢中积累的粪便由妈妈用喙清理。天气冷的时候，鸟妈妈还要重新充当恒温箱的角色来温暖这些雏鸟，因为它们还无法温暖自己。只有当廓羽、飞羽和尾羽都长全之后，晚成雏才成为发育完全的鸟，这时它们才能在属于自己的温暖阳光与微风中飞翔。

---

① 参见马卡奇（Makatsch），《地球上的鸟》(Die Vögel der Erde)。

第六章 天鹅与鹳

于是，我们可以说，早成雏更能适应和融入陆地生活。而晚成雏则拥有更广阔的世界；它们离开地面，只有在羽翼丰满之后才与地面重新建立联系。

幼雏离开蛋壳后，羽毛就像斗篷一样覆盖在它身上。羽毛就好似从外面、从环境中来的一样。对于这个原因，鲁道夫·施泰纳清楚地说道：

> 羽毛是从无到有形成的，一根羽毛之所以能形成，是因为宇宙作用于地面的力量比地面本身的力量更大。羽毛的框架，也就是我们所说的羽轴，当然服从于地面上的某种力量，但是附加在羽轴之上，形成了鸟儿羽衣的力量则是宇宙的力量。①

这些来自宇宙的重要力量，为慢慢长大的鸟儿配备了羽衣，而鸟儿也从未远离产生这种力量的地方。鸟儿不可能在过去从地面升到空中，也不可能从原始的爬行形态演化而来——在漫长历史长河中长出翅膀，学会飞翔。这种概念不仅不符合生物学原理，从正确的角度看也站不住脚。鸟类应该是从空中往地面演化的。它们产生于高空，与地面发生越来越多或者越来越少的联系。始祖鸟并非典型的鸟，而是一种与地面产生更多联系，因此具备了爬行动物特征的鸟类形态。这是一个演化过程的终结，而非开始。始祖鸟已经灭绝了，因为它无法继续存活。鸟类和人类等哺乳动物不同，它们永远无法喜欢和接受地面。

鲁道夫·施泰纳在以下论述中也表达了这个观点：

> 但是在鸟类的天性中，有不甘低就的一面，它们朝着相反的方向突破。它们没能像以前一样向下沉沦……但是当演化继续，外界的条件驱使它们稳定下来。

于是，鸟类世界的基本原则就变得非常明显了。这种生物抵达了地面，但是却没能将地面作为生存条件。它们参与了变成动物的过程，

---

① 施泰纳，《世界奇观》，1911 年 8 月 26 日的演讲，157 页。

但是却没能最终在地面安家。如果它们这么做了，它们应该就已经褪去了羽衣，就像童话中的七只乌鸦与六只天鹅一样。所以，鸟儿保留了自己的羽毛，就像哺乳动物保留了毛发、爬行动物和鱼类保留了鳞片。它们都在自由地生活，有些上击长空，有些下沉水底。

早成雏正在向地面演化，它们一直在追寻，却从未抵达。相反，晚成雏很害怕与水域和地面发生紧密的联系。所以，它们无助地躲在地面的鸟巢中，直到羽毛拯救它们，长满它们双翅，使它们飞上天空。

天　鹅

伟大的天鹅家族生活在世界许多地方，与雁和鸭子同属一目。我们知道这个类别中的许多物种，从北极到亚洲、欧洲和美洲北部，从赤道到南半球的大陆都能看到它们的身影。只有南极看不到它们。例如，我们熟知的绒鸭、潜鸟和绿头鸭以及家鹅，都是这个大家族的成员。它们体现出这个大家族里丰富的物种、多样的颜色和生活方式。

第六章 天鹅与鹅

我们都很熟悉平原和山区的池塘和湖泊里的野鸭。它们也生活在海边的湾流和沙丘中。秋天，它们就成群结队地飞往南方。

它们的家在空气和水的交界处，就是湖泊、池塘、河流和海洋波光粼粼的水面与天空交界的地方。鹅家族的所有成员都会游泳，都会飞，虽然通常对它们来说飞翔比游泳更难。起飞和降落尤其耗费时间和体力，翅膀需要使劲，双脚从水面划过，起到辅助的作用，直到它们飞到一定的高度。接下来就简单了，只需要把颈项前伸，双脚缩起来，鸭子们就能迅速飞走。

鸭子的喙和它的头一样长，往前方逐渐变宽，外面覆盖着一层敏感而柔软的皮肤。它的腿很短，位于身体后方，所以它走起路来摇摇晃晃。它的四根脚趾上覆盖着蹼，看起来十分笨拙。行走并不是鸭子所擅长的，它们全都是游泳和潜水健将。它们每日的生活就在水上展开，只有需要进食、筑巢和繁育后代的时候，它们才上岸。有些鸭子甚至进入附近的树林、灌木丛或者空心的树中。它们的幼雏是早成雏。孵化几个小时后，幼雏就可以和父母一起下水，它们天生就知道如何游泳和潜水。

天鹅也属于这个家族。它们与鸭子和鹅相似，但也有所不同。它们从外表上看就鹤立鸡群，甚至到了可以炫耀的地步。我们很容易理解为何在大不列颠，天鹅是王国的财富。它们是高贵的来客，代表更高的力量。当它们优雅的身体在水面上划行时，散发着难以接近的气息。天鹅穿着白色或黑色羽毛织成的外衣像船一样在水面上划行，头和喙像是长而弯曲的脖子顶端的饰品。它的眼神骄傲有力，翅膀有时扬起，像盾牌一样伸展开来，保护着它移动的身体。

天鹅在自己的大家族中属于大型鸟类。大部分天鹅都遵循一夫一妻制，配对的天鹅会一起度过数十年的光阴。秋天，是天鹅迁徙的时候（这只发生在地球的北部），它们将一起返回旧巢，用六到八周的时间将蛋孵化，然后将幼雏养大。当幼天鹅变得独立时，它们的父母就会离开，与它们分道扬镳。要意识到自己的尊贵，它们必须从此直面孤独。①

---

① 只有小天鹅才在冬季集体迁徙。

天鹅主要分布在北极、北美的苔原和泰加林带以及欧亚大陆，南半球的南美洲和澳大利亚也生活着两种天鹅。

我们都知道疣鼻天鹅，欧洲的池塘和河口都有它们的身影。广阔的水域常常被它们的种群占据。它们喜欢徘徊在人类生活区附近。流经古老城墙的小河、修道院附近的鱼塘、古老花园里静谧的池塘、历史悠久的村庄所在的偏远河口——这些都是它们的家。全身洁白的羽毛、鲜红的喙以及前额上黑色的肉瘤使它们具备了贵族气质。

北方生活着体型略小的小天鹅。希腊人曾说它们每年跟着阿波罗从北方来到德尔菲（Delphi）。神搭乘着它们的翅膀，带来极北之地（Hyperboreans）的讯息。许多见证者都提到过这种天鹅发出的奇怪的、有时如银铃般的叫声；还有人说，当同伴即将死去的时候，这些天鹅就会歌唱（"天鹅之歌"的由来）。冬季，它们离开冰岛和斯堪的纳维亚半岛的家园，来到欧洲中部地带。它们在俄罗斯和西伯利亚也能安家。

黑颈天鹅生活在南美洲，从秘鲁到马尔维纳斯群岛以及巴西，都有它们的踪迹。它的外衣是白色的，但它的颈部和头部长着黑色的羽毛。它那灰黄色的喙上方长着红色的肉瘤。虽然它的翅膀很短，但它依然是个飞行行家。

黑天鹅生活在南半球的澳大利亚和塔斯马尼亚岛。它的身体被黑褐色的羽毛覆盖，唯独飞羽是白色的，和它北方的兄弟遥相呼应。

这些地域分布显示，天鹅是一种北方鸟。小天鹅就生活在北极区域。温带地区是疣鼻天鹅的栖息地，热带看不到天鹅的身影，而再往南去，我们只能在南美洲和澳大利亚找到两种深色的天鹅：黑颈天鹅和黑天鹅。现在，我们对天鹅在地球上的分布有了直观的了解。

尽管天鹅是一种水鸟，它们依然需要在陆地上筑巢和养育后代。但是它们很少从陆地上起飞，而且它们起飞之前必须先张开翅膀奔跑一段距离。它们将水面作为跑道，也常常选择水面降落，还有人曾看到它们在冰面上起飞和降落。

我们很容易理解这些高贵的鸟儿为何备受尊敬。它们展现出的美丽和高贵使我们内心产生一种更高层次的感觉。天鹅绝不是个绅士。

它能迅速发起进攻，很容易被激怒。然后，它就用翅膀和喙表达自己的暴怒，甚至敢于挑战比它更强的对手。白色羽衣使它散发出无敌的气质，勇气则使它成为真正的骑士。

在平淡的生活中，我们都是愚蠢麻木的鹅和鸭子，时而欢天喜地，时而痛苦万分。但是，我们内心还住着天鹅。这高贵之鸟来自遥远的北方，只在南飞的路途中路过我们的家门。在中世纪，如果我们有感于天鹅的高贵和自我奉献，我们就会成为一名天鹅骑士。天鹅骑士盾徽上的白天鹅让他们从鹅与鸭子般的存在中升华，使他们献身于崇高的事业。

鹳

鹳的气质就大不相同了。天鹅安静地在水面上划行，鹳则在泥泞的草地上行走，它们的差别多大啊！天鹅藏起了它那短小笨拙、只适合当桨用的腿。鹳行走时像踩着红色的高跷，十分显眼。鹳的喙和它的腿一样长，又大又重（比如秃鹳的喙），使它的头部往下倾斜。

鸟的身体构造存在一个普遍的特点：喙和腿的形状和大小互相呼应。如果喙很小，那么脚和腿也很小。猛禽那坚硬弯曲的喙也反映在它的爪子上。鸟的这两种特征之间的协调在鹳身上体现得最为明显。

鹳所属的目十分奇怪。它属于鹳形目，分类的标准是它们的特征——它们的步态。这个目下面有四个家族：鹭、鹮、锤头鹳和鹳。这些鸟儿从根本上说属于一种类型，都长着长而细的腿和长而尖的喙。它们的颈、头和喙的组合几乎能像人的胳膊一样弯曲，能快速抓取食物。鹳形目属于猛禽，它们会吃掉身边所有会动的东西：青蛙和小蟾蜍、虫子、蜥蜴、甲虫、蚌、鱼，甚至幼鸟、小野兔、鼹鼠和老鼠。它们用喙击打或者戳一下猎物，就能迅速将其吞下。它们的行为和它们的外表相去甚远。鹳看起来比实际温顺，但有些种类身上的红色反映了它们具有攻击性和好斗的天性。你可以说它们是残忍的忧郁症患者。浅水塘、湖泊和河流都是它们的猎场。它们居住在岸边的芦苇荡、草丛和柳树上。

除去极少数例外，这些鸟儿一般都把巢筑在高高的树上或者房顶上，比如鹳就是这样成为人类亲密的邻居。它们采集枝条用来筑巢，巢一般是圆形的，里面会铺上苔藓、粪便、稻草和树叶。

鹳的雏鸟属于晚成雏。刚孵化的几周，它们无助地躺在巢里，只能等待父母喂食和清洁它们的身体，并维持它们的体温，使它们不至于太冷或太热。多亏了霍斯特·西韦特（Horst Siewert）的细致观察，我们得以详细地了解黑白鹳的哺育过程。他描述了青蛙被黑白鹳父母的胃消化之后，再反刍成小块，并推入饥饿的雏鸟口中的过程。我们还了解到，在凉爽的夜晚，黑白鹳父母会站在巢中，为幼雏供暖；在热天，当阳光射入巢中，它们就停留在巢边，这样幼雏就可以躲在它们的影子里乘凉。

过上几周的时间，幼雏的正羽才能长出来，它们的腿才足够健壮，能走到巢的边缘。黑白鹳的幼雏笨拙地拍打着翅膀，从一根树枝迅速飞向另一根树枝，然后再回到巢中。直到有一天，父母和孩子终于能一起外出觅食。

鹳形目，包括鹭和鹳，在全世界除北极以外的地方都有分布。它们常常定居在浅水区域和陆地之间。哪里有湿地和沼泽，哪里有水又有陆地，哪里就有鹳形目的身影。它们用长长的喙在水中寻找食物。在某种程度上，它们比鸭子降了一级，因为鸭子只生活在天空和水之间。

不过，鹳形目只用脚和喙来探索陆地和水域的交汇处，不然它们就一直待在天空中。在筑巢的时候，它们飞到大树的顶端，在那里等待幼雏破壳并将它们养大。

鹳是这个目中唯一试图靠近地面的鸟，它们喜欢待在人类附近，白鹳就是如此。它们把巢建在房屋或马厩顶上，随后每年都回到这相同的巢孕育后代。孩子们喜欢它们，希望它们为自己带来弟弟妹妹。大人们则对这种迷信置之一笑，或者认为这是胡言乱语。

如今，鹳到访中欧和北欧居民区的次数越来越少，它们在慢慢地远离人类，我们能否将这个事实和以上假设联系起来呢？我们都知道鹳不会为我们带来孩子，但是，是什么让人们一直相信这个迷信呢？西韦特描述了一段经历，也许能为我们揭晓答案：

第六章 天鹅与鹳

在一座波美拉尼亚小城，学校一放学，鹳就出现了。孩子们涌向街头，一个小伙子很快就发现了大鸟们，于是大声告诉大家。所有的眼睛都聚集过来，孩子们都冲着天空中飞翔的长腿大鸟们大笑。不仅孩子们很高兴，许多人都在狭窄的街道上昂首观看，忘记了就在昨天还下了最后一场雪，天气还十分寒冷。即使今日的人们看到鹳的出现，不会像两千年前那样朝着这春天的信使跪下双膝，他们内心仍然保留着那份喜悦。和远古时代一样，这些漫游的鸟儿将春天带到这北方大地，为我们带来南方的阳光与温暖，于是人们都忘记了漫长的凛冽寒冬。①

西韦特是对的，鹳确实是春天的信使，但是两千或三千年前的人们在看到这些鸟儿时双膝跪下是因为他们知道，随着这些鸟儿的到来，婴孩也将到来了，配对的季节要开始了。颇具洞察力的鲁道夫·施泰纳曾说，直到公元前 1000 年，日耳曼部落的生育时间都是特意安排的，一般发生在圣诞节前后。

这个神秘的真相在 19 世纪已经被学者们摒弃，最终演变成了一个愚蠢而荒谬的画面——鹳用喙叼来新生儿。但在这一切背后，我们能看到鹳作为春天的信使曾带给北方人的真实的信息。它的叫声响彻婚礼上空，而孩子们在受难节拿着拨浪鼓在街道上穿行时，会让我们回忆起过去的时光。

从前，白鹳常常和黑鹳一同出现，现在有时也如此。不过，黑鹳喜欢远离人类。它把自己的巢筑在森林深处的大树上。和白鹳一样，秋天，它会回到非洲去。人们对于鹳的迁徙已经有了深入的研究。它们不经过地中海，有从北向南的两条主航线。东线穿越比萨拉比亚，绕过黑海到达小亚细亚，然后越过叙利亚和阿拉伯北部，穿过红海到达苏丹，再从那里飞过东非到达非洲南部。西线穿过法国南部和西班牙到摩洛哥和阿尔及尔，越过撒哈拉沙漠抵达塞内加

---

① 西韦特，《鹳》(*Störche*)。

尔和尼日尔。

没有任何其他鹳类的迁徙路线有这么长,飞越了地球的一大部分。那些生活在苏丹、青尼罗河和白尼罗河的鹳就从不迁徙。秃鹳只生活在自己出生的地方,只有在一年的某些特定时候才会四处游荡。①这种鹳喉咙处是秃的,还长着巨大的嗉囊,主要以吃腐肉为生。它们和秃鹫(喉咙处也没长毛)一样,寻找已经被其他食肉动物杀死和丢弃的猎物。所有生在非洲和印度的鹳都长着奇怪的身形。和它们相比,白鹳就像一个未被大地的黑暗和欲望打击的孩童,还保持着最初的纯洁。它更接近于鹳的种群的典型形象。其他的鹳已经陷入地球的泥淖太深。秃鹳似乎是陷得最深的。这就是它们吃腐肉,并且被称作"鹳中鬣狗"的原因。

还有一种被驯化的鹳,每年都离开食物充足的非洲,向北迁徙,为人们带来春天的讯息。

由于人类开始迈向自由,婴儿在一年四季出生,鹳的使命也走到了尽头。自从20世纪初,它们就从中欧和北欧消失了。它们现在开始在非洲南部定居,我们在那里可以看到很多种类的鹳。它们会将这里作为自己永久的栖息地,并且彻底忘记欧洲吗?

天鹅和鹳的讯息

在格林兄弟所搜集的童话中,有一则关于六只天鹅的故事。这个故事告诉我们,有一位国王在森林里打猎迷了路,来到了一间小屋,这里有一位漂亮的姑娘等着他。但是姑娘的母亲是个巫婆,她强迫国王娶自己的女儿为妻,才肯为他指走出黑暗森林的道路。于是,国王娶了巫婆的女儿——这位美丽的姑娘为妻,但是他把自己同前妻所生的孩子——六个男孩和一个女孩藏在一座城堡里。他通过一只神奇的线团就能找到去城堡的路,去看望他的孩子们。但是邪恶的皇后控制了这条线,对在路上遇见她的六个男孩施了魔法,将他们变成了天鹅。

---

① 例如,白腹鹳在非洲境内生活。它在非洲南部的热带大草原上越冬,仅在雨季开始时才回到非洲北部的大草原,被人们称为雨天使和婴儿天使,而白鹳在那里则不被尊重甚至被猎杀[库里·林达尔(Curry-Lindahl),《鸟类迁徙》(*Vogelzug*);舒尔茨(Schulz),《白鹳迁徙》(*Weissstorchzug*)]。

第六章 天鹅与鹳

小女孩因为没有出门而逃过一劫。

童话由两个事故交织而成,这是它的第一部分。第一个故事诉说了国王陷入了黑暗森林,被迫与巫婆的女儿结婚。他的第一段婚姻中无辜的后代被藏在隐蔽的城堡中。这座只能通过魔法线团才能找到的城堡,难道不就象征着神秘的极北之地吗?魔法当然可以触及这里,将孩子们变成天鹅,但它无法毁灭他们。六个被施了魔法的兄弟象征着天鹅。阿波罗每年都骑在这些天鹅之上,从北方来到德尔菲,为人类带来太阳的力量以及新生。

在童话的后半部分,六只天鹅的妹妹接到了一个任务,她必须在之后的六年时间里保持沉默——每个哥哥都需要她保持沉默一年。同时,她还要用水马齿草编织六件衬衫。小女孩决定接受这些任务。她进入森林,坐在高高的树枝上开始了工作。另一位国王和一群猎手经过这片森林,发现了这个女孩。虽然女孩拒绝下树,她还是被请了下来。国王将她带到马上,将她娶回了家。女孩一直不说话,即便国王那邪恶的母亲一直羞辱她,还把她生下来的孩子偷走了。她一直坚守着对天鹅的承诺。最终,当她站在火刑柱旁要被烧死时,六年结束了。六只天鹅飞了过来,她把六件衬衫抛向空中,六个哥哥终于和她团聚。现在,她可以说话,向她的丈夫表明自己的无辜。而这时候,天鹅的命运也圆满了。

保持沉默的义务还出现在罗恩格林(Lohengrin)传奇中。这个故事告诉我们,帕西法尔(Parsifal)的儿子跟随天鹅来到了布拉班特之地,想重建这里的和平。他也要遵守一条沉默的原则,不过他只需要对自己的名字保持缄默。

六只天鹅的童话为我们讲述了两个故事。一个讲的是六个兄弟被施了魔法,另一个讲的是它们得到拯救。魔法通过第一个国王的妻子施展,而拯救则通过第二个国王的妻子——六只天鹅的妹妹实现。童话的前半部分相当于将阿波罗的传奇改头换面了,童话的后半部分则讲述了罗恩格林传奇。在这两部分都有神秘的天鹅出现。

在中世纪罗恩格林传奇中,有一段清晰地表达了天鹅的美好。当天鹅拖着主人的小船在大海中航行时,罗恩格林朝它要食物,天鹅就将自己的头埋入海浪：

> 他好像看到了鱼。
> 看啊，海浪将鱼群
> 送入他的口中。
> 骑士看到鱼干燥又干净，
> 天鹅用喙把鱼儿们递给英雄。
> 他愉快地接下，
> 自己吃掉一半，给了天鹅另一半。
> 这鸟儿和主人都美餐一顿。

美餐过后，天鹅开始歌唱。现在，罗恩格林才发现："这真是天使般纯洁的鸟儿，与我一起漂荡在海浪中。"

鹳呈现给我们的是另一幅画面。它那备受尊敬的近亲——鹮，是古埃及人心目中的神鸟。古埃及人十分尊崇它，以至于会对掉落的鹮的尸体进行防腐处理并埋在特殊的墓穴中。杀死鹮在古埃及是死罪，即便出于无意。三重伟大的托特（thrice-great Thoth），也就是希腊人口中的赫尔墨斯·特利斯墨吉斯忒斯（Hermes Trismegistos）的形象常是鹮首人身。就连他的名字的象形文字都是一只典型的鹮。托特那形似鹮的头部戴着新月形王冠，上面托着太阳的圆盘。托特是埃及文化的始祖。他是语言和文字之神，手中常常握着一支手写笔。

天鹅和逝去的人有关，鹳与未出生的人、还未到来的东西有关。鹮和托特与月亮有关，天鹅则和太阳的国度相连。所以是阿波罗的天鹅从极北之地飞出来。

鹳每年从南方飞向欧洲北部。这些迁徙的鸟儿很好地平衡了智慧和谦逊。

天鹅的牺牲精神使它确定了自己同地面的联系，它成为早成雏。鹳的聪慧使它们和地面没能保持很强的联系，它们一直是晚成雏。

这就是这两个物种呈现给我们的样子，它们对人类内在的影响有对比也有共同点。它们就像从人类历史过去的某个时段存续至今的记忆画面。

　　鸟类的命运和使命是多种多样的。一些鸟儿消失了，另一些成为歌唱家。许多鸟儿依附于人类，比如鸡和鸽子。鹳和天鹅依然同人类精神连接。它们象征了人类的命运：人都要经历出生和死亡，都要增长智慧但要在心中保持谦逊。

第七章 鸽子

历史中的鸽子

在人类的居住地,只要有开阔的空间,就有鸽子。在广场、街道、庭院和花园里,我们都能看到它们的身影。不论是威尼斯的圣马可广场(San Marco)前,还是特拉法尔加广场(Trafalgar Square)上的纳尔逊纪念碑(Nelson's Column)周围,不论在巴黎的杜伊勒里宫(Tuileries),还是在维也纳的市政厅广场,都有鸽子在咕咕叫着、扑腾着翅膀、在人们头顶盘旋着。许多大农舍都拥有自己的鸽棚,而且,我们发现不仅在欧洲、亚洲、非洲和美洲的许多小镇与乡村的中心都存在一样的鸽棚——只要是人类聚集定居的地方,就有鸽子。家养的鸽子分为许多种类,自几千年前起它们就成为人类的伙伴。它们的存在植根于神话概念中,可以一直追溯到人类历史的开端。

第七章 鸽子

在一些地区的文化中，鸽子被尊为神圣之鸟。巴比伦的女神伊什塔尔（Ishtar）与它有关，人们将鸽子献祭给她。鸽子同样被献给阿施塔特（Astarte）女神。它们拉着阿弗洛狄忒的马车。从海上升起的维纳斯是从鸽子蛋中孵化的。在位于希腊北部多多拿（Dodona）的宙斯神庙，鸽子生活在神圣的橡树上。在腓尼基人（Phoenician）的语言中，鸽子和祭司共用同一个词语；希伯来语中的鸽子和阿拉伯语的祭司是同一个词。当希罗多德说，腓尼基人曾将"Priestess"从底比斯带到多多拿，他这里的"Priestess"指的可能是女祭司，也可能是鸽子，这两个词语完全一样。我们还知道，在阿多尼斯节，鸽子在祭祀中被烧死；而艾尼阿斯（Aeneas）在鸽子的引领下找到金枝。

从这些我们可以看出，人类在迁徙的过程中一直有鸽子陪伴，人们将鸽子神化，使之与祭祀礼仪联系在一起。鸽子不仅出现在人类的居住地，还活跃在庙宇和广场等地。

野鸽与家鸽的习性

所有的家鸽都是一种鸽子——原鸽的后代。这种鸽子通过生活方式与其他种类相区分。通常情况下，野外的鸽子生活在树林中，至少有一部分时间在树上生活；在全球各地，只要树木繁茂的地方就有它们的身影。只有少部分鸽子生活在峭壁和岩石地带。在遥远的北方，不论在苔原或草原，还是在没有树木生长的山间，都看不到鸽子。在其他地方它们都能适应。已知的鸽子种类有三百多个。

只有岩鸽不需要树林就可以生存。它们栖息在峭壁和岩石上，还有荒废的建筑中。它们还出现在欧洲北方的一些岛屿上。在爱尔兰的多尼戈尔郡，岩鸽的数量众多。它们还生活在苏格兰西海岸、赫布里底群岛、奥克尼群岛和设得兰群岛、法罗群岛和靠近挪威斯塔万格的伦讷斯小岩石岛上。它们定居在地中海沿岸的岩石和峭壁上，在希腊、西班牙和意大利、法国和北美洲。在黎凡特和叙利亚，它们过着舒适的生活，还遍布小亚细亚和波斯，一直遍及喜马拉雅山地区。如果我们仔细研究岩鸽的分布范围，我们会发现，这种鸟儿几乎占领了人类迁徙的所有伟大路线。从印度经波斯到达小亚细亚，然后沿着地中海沿岸，都能发现岩鸽。古文明就是这样历经几千年的光阴，从东方迁徙到了西方。不过，这些地区发现的岩鸽通常是离开了人类定居地、恢复自由的家鸽。布雷姆这样写道：

> 在埃及，我看到它们在峭壁之上，尤其在湍急的河水旁。在印度，它们是稀松平常的鸟类，把蛋产在岩石和峭壁的孔洞和凸起上，而且尽可能靠近水源。在这里和在埃及一样，它们处于半野化的状态，占据了古老、安静的建筑，比如城墙、佛塔、石庙和其他类似的宏伟建筑。①

从这段描述我们可以看出，岩鸽和家鸽之间有一个逐渐过渡的阶段，家鸽很容易转入野化或半野化状态。当然，鸽子之间主要的不同不在于野化和驯化，而在于有些鸽子生活在树林中，有些生活在岩石上和人类的聚居地。

鲁道夫·施泰纳常常指出，史前大洪水之后向东迁徙的民族通过两条路线穿过了欧洲和亚洲。因此，这些地方后来发展出了两个不同的、分布广泛的民族：南方的伊朗人和北方的都兰语族。

> 这样就产生了一个对比，也许是整个史前大洪水之后进化中最大的对比之一：这些北方民族和伊朗人之间的对比。伊朗人渴望参与身边发生的事，过稳定的生活，并且通过努力获得财富。这是伊朗人最强烈的欲望。就在与伊朗人聚居地毗邻的北方，生活着一个专注于精神世界的民族。但是，他们都是漫游者，不想工作，对于在物质世界中发展文化也完全没有兴趣。

对鸽子的描述也存在类似的地域差异。野外树林里的鸽子就像都兰语族，而能够驯化为家鸽的岩鸽则像伊朗人。我们可以假设，在都兰语族和伊朗人自西往东的迁徙途中，林间的鸽子陪伴着都兰语族，

---

① 布雷姆，《鸟类》第一卷。

而岩鸽与伊朗人相伴。于是，在伊朗人定居之后，岩鸽被驯化成为家鸽，生活在伊朗人聚居处的神圣和世俗场所。从此，鸽子与人类建立了亲密的关系。

进食与飞行

伊朗人定居之后，前来与他们一同生活的家鸽出现了一种特殊的特点，即在几百千米外找到回家的路的能力。许多其他的鸟类也具备这样的能力，但是仅限于它们进行每年一度的远距离迁徙时。只要对鸽子进行简单的训练，它一年四季都可以施展这项能力。所以，从古时候起，人们就开始使用信鸽了，对于埃及人来说，它们已经很常见。当拉美西斯三世即位时，信鸽将这一消息传遍了整个埃及。被围困的城池用信鸽与外界交流，直到20世纪初无线电取代了这一方式。就连近代的1870年至1871年的战争期间，被围困的巴黎城依然依赖信鸽传递消息。

通过归家的本能传递信息深深地植根于鸽子的血液中，它们能从遥远的地方找到回家的路，即便在夜间或者经过它们完全没到过的地区，这是一个惊人的能力。我们常常在鸽子身上发现的和平、柔和的性格以及家庭感就与此有关。由于观察结果并不十分明确，我们很难下结论说，鸽子配对之后在数十年中都不会分开。（现在被认为是正确的。）

但有一点是确定的：在诸多鸟类当中，不同种类的鸽子表现出了一个共同的特点——它们给幼雏喂鸽乳，就像哺乳动物给幼崽喂乳汁。鸽子并非只有雌性能制造出这种物质，父母双方都可以。没有任何其他鸟类具备这样的能力。许多鸟类都具备制造乳汁的嗉囊，但是只有鸽子能用它造出乳汁。[1]嗉囊通常被认为是消化道的延伸物，位于颈部和胸部相接的位置。对于其他鸟类，和鸽子一样，嗉囊也是食物与唾

---

[1] 只有火烈鸟才被发现具有类似的功能。莱斯利·布朗（Leslie Brown）直到1958年才发现它们的繁殖地，但是直到很久以后才对繁殖过程进行研究，当时他们发现它们以类似的液体喂养幼雏，不过其中混有血液，是红色的乳汁[C. 威尔科克（C. Willcock），《时间——生命中的"非洲裂谷"》（*'The African Rift-Valley' in Time-Life*），1978年]。

液混合并开始消化过程的器官。

然而，对鸽子来说，在繁殖期它的嗉囊会开始肿胀、变大。嗉囊内层的黏膜逐渐开始变厚，随后脱落，大量的细胞逐渐在嗉囊腔中溶解，成为一种白色的汤水，鸽子把它当作食物喂给幼雏。这种"乳汁"富含脂肪和蛋白质，是出生三周内的幼雏唯一的食物，再大一些的幼雏就可以进食谷物了。

许多人可能会说，这并不是真正的乳汁，只是被大家叫作乳汁罢了。但是另一方面，这里还存在一个重要的事实。哺乳动物的乳汁，由乳腺制造，与脑垂体中产生的一种荷尔蒙有关。这种荷尔蒙被称为催乳素，能刺激乳汁的大量产出。源源不断的催乳素使乳腺能够产生出乳汁。相同的物质也可以刺激鸽子的嗉囊形成鸽乳，而且很有规律，可以用于催乳素定量检测。

所以，毫无疑问，鸽乳与哺乳动物的乳汁相关不仅是因为名称，它与哺乳动物的乳汁属于同一种物质，是真正的"乳汁"。我们可以假设，鸽子之间的亲缘关系、定居的意愿和它们的平和都与这种乳汁的产生有关。因为年幼的鸽子接受了一种对于它这个物种来说奇特的食物，所以它会产生比其他鸟类更强烈的保护爱巢和家庭的欲望。在生命的最初几周，幼雏接受了父母身体物质的一部分作为食物，所以整个物种的血缘关系也受到深远的影响。乳汁是一个鲜活的纽带，以最亲密的方式将一代又一代鸽子连接起来。所以，岩鸽能够轻松地转变成家鸽，也能轻松地变回岩鸽。

嗉囊与喉咙

在古代，鸽子被称为"神圣的来客"。它们最喜欢将庙宇选作筑巢之地。不论在亚洲、欧洲和北美洲，只要有庙宇的地方，就有成群的鸽子在空中飞翔。长着鲜艳的灰蓝色和绿色羽毛的岩鸽逐渐变成白色的庙鸽，在诸多文明中它都曾被当作祭祀动物。所以，鸽子不仅成为人类的伙伴，还进入最神圣的仪式。它们也是信使，携带人类想要传递的信息飞越万水千山。

第七章 鸽子

鸽子会不会有特殊的职责呢？它们来到人类的居住地陪伴人类，肯定与建筑和房屋有关。它们与人类使用的物质有关联。木头、石头、灰泥和建筑中使用的一切材料都是由建筑工作改变的。所有这些建筑里都渗透着人类的语言。在房屋、庙宇、宫殿的内外，墓碑的周围，人类使用着自己的语言，并将语言与建筑物连接在一起。鸽子便成为人类语言的信使，将多种多样的语言从这些建筑物中带出。

所有被说出来的语言，所有用词语修饰的善与恶，都通过鸽子重新连接。它们作为信使的工作只是它们职责的一个世俗画面。它们是语言的载体，自幼时就为这项职能做好了准备。父母喂给它们的乳汁将它们与这项工作紧紧地联系在一起。因为从解剖学上讲，鸽子嗉囊的位置相当于喉咙在人体的位置。人类通过喉咙发出声音，而鸽子的嗉囊里产生乳汁。

哺乳动物的乳汁有一个明确的作用：它使新生儿以正确的方式发育骨骼。因为乳汁不仅是一种普通的营养物质，它的特定作用就是提供骨骼所需的原料。通过汲取乳汁，人类的婴儿成为地球上的公民，他们的骨架在乳汁的作用下变得更加坚硬，成为支撑他们存在的基石。

鸽子制造出的乳汁也担负着一个任务，就是支持它们完成在人类语言世界的使命。骨骼与语言有着紧密的联系。只有人类拥有体现整个宇宙的骨骼，也只有人类能够开口说话。人类的头部是圆的，如同我们头顶的宇宙；肋骨仿佛是太阳和行星的路径；四肢就像柱子，吸收着地球的力量。这样完美的体型使得喉咙拥有了成为语言诞生的摇篮的可能。

在地球上迁徙的过程中，在成为语言奴仆的过程中，人类和鸽子结成了伙伴。正是由于这个原因，在许多古老的语言中，"鸽子"和"祭司"的拼写方式几乎完全一样。正是由于这个原因，挪亚从方舟里放出鸽子，去查看大地是否重新变得像骨骼一般坚硬，可以供人类行走。正是由于这个原因，有诗歌中说，鸽子是"她母亲独生的，是生养她者所宝爱的"。

鸽子和语言

传说当人们建造巴别塔的时候,他们最初的语言遭遇了分裂的命运,鸽子开始准备引导分裂的人类语言重新回归故土。

现在它们变得平常了。神庙已经废弃,于是,鸽子生活在广场和集市。它们成了人类的信使。在德国,它们被称作"taube"(德语,意为"鸽子")。虽然它看起来像"taub"(德语,意为"聋的"),"deaf"(聋的),"dull"(迟钝的),"dumb"(傻的),词源学并未将"taube"这个词与后面这几个词关联起来,而将它视作拟态词,代表鸽子咕咕的叫声。[①]不过,也许鸽子如今被视作愚蠢生物的原因是它真正的象征和性格未被承认。未来,它们也许会重新被尊重。

[①] 埃里克·帕特里奇在《语源》中称"鸽子"和"聋"这两个词可能有关联。

第八章　地球上的麻雀

麻雀的生活

只要是人类生活和定居的地方,麻雀就十分自在。在德语对麻雀的诸多称呼中①,我们能听出人们对它些许的同情以及轻微的蔑视。很少有称谓是表示对它的友好的。人们对它司空见惯,谁会理会麻雀呢?它们数量太多,太常见了,很少被留意。然而,它们却是我们的伙伴,几乎生活在所有人类定居点。

---

① 如 hausspatz, haussperling, hofspatz, rauchspatz, dieb, sperk, hausfink, mistfink, 等等。

完全看不到麻雀的农舍、村庄、集市和郊区街道几乎是不存在的。人们聚居得越密集，行色匆匆的麻雀就越吵闹。在大城市市中心、交通要道、后院、花园和小公园，它们都非常自在。在所有人群聚集、孩子们玩耍、车如流水、情侣相拥、生死相依的地方，都有麻雀在叽叽喳喳。

家麻雀的羽毛是灰色的，接近灰烬的颜色。眼睛和喙周围的羽毛颜色更深，头两侧褐色的条纹从眼睛后部一直延伸到颈部。它的翅膀是褐色的，外部颜色更深，内部是黑棕色的。这小小的鸟儿身上没有黄色、红色和蓝色，只有一些白色的小斑块点缀在它身上。它太不重要，没有特殊的花纹。

但是，如果你深入地了解它，熟悉它的外表、习惯、特点和行为，你就能发现它的可爱之处——它十分友好和有趣，因为它懂得如何生活，并且会小心翼翼地适应环境。它拥有自己的巢，远离其他同类。但是如果有其他的麻雀在它旁边筑巢，并且住进来，它也不会反对。如果活的时间足够长久，雄鸟和雌鸟常常在数年中保持对彼此的忠贞，它们一直待在自己筑成的爱巢附近。对它们来说，巢就意味着家、安全和财富。

它们不仅喜欢待在自己的爱巢附近，还喜欢和其他麻雀为伴。你很少看到麻雀单独出现。不论在何处闲逛，它们都成群结队。它们长得如此相似，你很难区分它们。它们的举手投足几乎完全一样。它们喜欢互相争吵、闲聊、蹦蹦跳跳，在沙地和街道的水坑里翻滚，在人行道上方呼啸而过回到巢里，随后很快又出来加入兄弟姐妹的行列。

就像它们的颜色那么普通，它们其他的鸟类特征也十分简单有限。它们会叽叽喳喳地叫，却没有歌唱的天分。家麻雀也很少外出。秋天，它们一直待在巢里。它们对迁徙的动荡生活是抵触的。在8月初，或者晚些时候，它们会带着妻子离开爱巢，到附近的乡下度假，度假的地点一般在谷物成熟的田野附近。它们在田野周围的树篱租下夏日度假屋，在那里玩耍、啄食、洗澡、睡觉。有时候，夫妻俩会回到爱巢看看家里是否一切安好。不过，很快它们又会出现在田野中。

在夏天，如果这些客人数量众多，农民很难获得完全的丰收，因为麻雀可以不停地进食。但是，如果谷物不够多，各种各样的甲虫、蚂蚱、毛虫和蠕虫也会被它们吃掉。不过，只有小麻雀喜欢这种肉类食物，成年麻雀更喜欢吃谷物和其他植物种子。

秋天到来时，它们都飞回城镇。它们在巢里铺了柔软的垫子，为越冬做好充分的准备。在这个时候它们一般不会交配和孵蛋。只有在十分温暖的秋天的几周，可能会发生一些本属于春天的浪漫。这更像秋老虎，基本不会有什么直观的结果。

如果不出意外，麻雀可以活很久，它们的平均寿命长达七到八年，有些甚至活到十一或十二岁。但是它们的巢会存在更长的时间。如果一对麻雀中的一只死去了，其他的麻雀会和健在的另一只麻雀配对，并继续居住在这个巢中。就这样，它们的生活继续下去，就像是一种生命方阵舞，巢总是位于中心。①

筑巢和习性

在加斯东·巴什拉（Gaston Bachelard）的作品中我们读到：

> 当我们观察鸟巢时，我们会发现自己处在对世界信任的源泉，我们触碰到了信任的中心，我们被宇宙中的信任深深吸引。倘若一只鸟儿对世界没有本能的信任，它会筑成自己的巢吗？为了经验这种信任……我们无需为此细数实际的缘由。因为它们几乎不存在。②

对人和鸟来说，不论是谁要筑巢，建造房屋、居所，以及自己的家，都会寻求庇佑，也都会找到庇佑之所，现有的一切都基于这种"宇宙中的信任"。

安全的地方，以及被保护的感觉，是人类在地球上的原始需求之

---

① 这里的描述都基于萨默斯·史密斯（Summers-Smith），《家麻雀》（*The House Sparrow*）。
② 巴什拉，《空间诗学》（*Poetik des Raumes*）。

一。许多鸟类也有这种需求。虽然许多心理学家相信，正是这种需求驱使我们想回到出生前保护我们的温暖子宫里，但事实并非如此。那并不是信任，而是焦虑。我们不会回到存在的初始环境中，而是会朝着我们未来的命运迈进。

鸟不会寻找避难所。它在对未来后代的信任基础上筑巢，它的后代将带着它留下的遗产继续生活。

鸟巢无法与其他动物的避难所和藏身处——兽窝和兽穴相比，因为鸟儿要凭空建造它的巢：它搭建和修饰自己的巢，原料是羽毛和枝条、草和树叶、石头和黏土、稻草和砂浆。有些鸟会编织自己的巢，还有些鸟用唾液加固巢，唾液干了之后就变成一种黏土。鸟儿将巢建在树林和灌木丛中，黏土和沙地上，草丛中和石头上。鸟儿诞生时在巢中触碰到了大地的存在。这是一种支撑和根基，它们的存在基础正是巢。如果没有巢，它们就只能朝无垠的天空飞去。但是，家使它们和地面保持紧密的联系；巢是它们的"胎盘"，使它们一直生活在地面附近。同时，筑巢的能力也是维系它们与地面的"脐带"。

对于其他生物来说，巢穴是藏身之处和避难之所。一般情况下，巢穴是不需要修建的，只需要寻找，或者挖掘，只有很少的例外，比如，一些鱼类或者海狸。

目前鸟类世界最大的目就以麻雀命名，总数量占世界鸟类数量的一半还多。它们就是雀形目，拥有大约 5800 个不同的种群。

> 雀形目鸟分布在整个地球上，栖息在树林、荒野、漠泽、苔原、高山、草原、沙漠、芦苇丛和树木繁多的广阔乡村……它们一开始栖息在树木或灌木上，现在也有许多种群依然保留这样的习俗，但是有些种群，比如云雀和棕雀就已经完全适应了在陆地上的生活。有些种群……几乎没有飞行的能力。[①]

---

① 马卡奇，《地球上的鸟》。

第八章　地球上的麻雀

布雷姆这样说：

> 它们是大地的孩子。只要在有植物生长的地方，它们就能生存下去。在树林里它们的数量更多……许多种群几乎完全生活在地面上，大部分已经完全适应了陆地环境。只有很少一部分种群会刻意避开人类的居住区。很多种群都将自己视作地球主人的来客，它们可以放心地参观他的屋子以及农场，他的果园和花园。①

乌鸦、寒鸦和喜鹊，燕雀和红腹灰雀，云雀和山雀，鸫，鹪鹩，夜莺，燕子和篱雀都是这个目的成员。它们都与人类有交流。

但是，在它们之间，家麻雀最为特殊，因为它与大地和人类的联系最密切，没有其他鸟类距离人类如此之近。我们甚至可以说，为了成为人类王国的一部分，它们疏远了自然，表现出了家养动物的习性。但是，麻雀并未像各种各样的犬类一样改变自己的习性，它们也没有像母鸡和母牛一样为人类生蛋和产奶。麻雀并不属于家养动物，不过它的栖息地比其他动物的栖息地距离人类更近。

建筑师协会应当把麻雀印在盾徽上。街道和广场、庭院和花园都是麻雀的自然环境。它们在人们居住的地方筑巢——在房檐下、排水沟后面、烟囱下，还有天窗旁。也有些麻雀在离人的房屋较近的乔木和灌木上筑巢。

19世纪中期，麻雀被引入美国。根据观察，一开始它们出现在规模较大的城镇，随后在小镇，接下来在乡下和小村庄，最后出现在单一的农场。但是，如果它们被带到镇子附近的农场，而它们在这里的数量并不多，它们就会离开农场，前往镇子生活。②

是的，它们在寻求接近人类的聚居地。在那里，积累了灰尘和垃圾，麻雀挑选稻草和纸、干草和羊毛、头发和线团、枝条和草秆用来筑巢。它们的巢并没有什么技术含量，从外面看起来甚至显得凌乱、

---

① 布雷姆，《鸟类》第四卷。
② 萨默斯·史密斯，《家麻雀》，209页。

毫无计划性可言。但是，巢里面是平滑、整齐和温暖的。它们常常在顶上造一个屋顶，这样爱巢就成了一个真正的小屋。只有在树洞里，或者哺育笼中，屋顶才会被省去。

筑巢的原料是它们到处找来的。麻雀把树枝的皮剥下来，甚至敢去接近鸽子并且拔下鸽子的羽毛用来筑巢。难怪它们的诸多称谓中有一个叫作"小偷"或者"强盗"。

巢筑好后，它们就一年四季住在里面，护卫着它，只有"度假"的几周会短暂离开。没有其他麻雀能接近它：雌麻雀会赶走其他的雌麻雀，雄麻雀也会赶走其他的雄麻雀。

交配、生蛋和孵蛋都发生在春夏两季。在复活节前后，雌麻雀在一周的时间里每天清晨都会产下一枚蛋。它有可能产下两枚到八枚蛋，具体的数字取决于夫妻俩的年龄，以及当下的时节早晚。通常的孵蛋时间是十二天，当然也有更长或更短的周期被观察到。和所有的雀形目鸟类一样，新生的麻雀没长羽毛，十分无助。它们进食和保暖都要依赖父母。但是，在不到三周的时间里，它们就能长成小麻雀，离开巢，开始自己照顾自己。然后，父母就不管它们了，甚至会在它们想回巢的时候拒绝它们，因为这个时候父母已经在孵化新的幼雏了。

每一对麻雀父母每年至少要经历两个繁殖期。有些麻雀一年会孵化三到四窝幼雏，所以麻雀数量的迅速增长就不是什么稀奇事儿了。只要幼雏还小，父母就会全身心投入地照顾它。它们会阻挡任何针对幼雏的攻击，甚至会做出自我牺牲。许多观察都证实了这一点。

不过，一旦幼雏学会了飞行，它们就会将全部的注意力转移到下一窝幼雏身上。所以，在第一次交配之后，一对麻雀父母很快就能孵化和养大十到二十只幼雏。只有在第三窝甚至第四窝幼雏长大之后，也就是仲夏之后，麻雀父母才会到乡下去。它们已经完成了任务，现在可以尽情享受生活了。其他的麻雀父母出现了，年轻的麻雀也开始社交，为自己争取生存空间。很快，它们就将为冬天筑巢，并且找到配偶。来年春天，它们就可以开始繁殖。

这一切进行得多快啊！无论如何，一切皆有定数。

第八章 地球上的麻雀

麻雀与人类

在近几百年间,麻雀以惊人的速度征服了整个地球。在19世纪中叶时,北美人还不知道它们的存在。19世纪60年代末,它们被带到北美洲的一些东部沿海城市,短短几十年间它们几乎遍布整个大陆。19世纪末,它们已经深入到了旧金山这样的内陆城市。1889年,W. B. 巴罗(W. B. Barrow)写道:"自彼时(1875年)至今,麻雀繁殖、扩张之迅速,以及它已占据区域的广大面积,都是历史上任何鸟类无法比拟的。"[1]从北美洲东海岸到西海岸,麻雀实现了胜利的征服。

19世纪末期,南美洲——尤其是阿根廷、智利、秘鲁和玻利维亚,也同样被征服了。同时,澳大利亚和新西兰的海岸线地区也被各种各样的麻雀占据。今天,我们完全可以说,(除了南极)所有的大陆,以及所有的国家和地区(很少有反例)都被家麻雀和它的近亲们密集地占领了。

它们的适应能力令人瞠目结舌。它们不会受限于特定的气候和环境条件,这一点很多其他鸟类是做不到的。它们在亚北极区、热带地区和沙漠地区都能生活得不错。瑞典北部的基律纳和巴西中部的库亚巴都是它们理想的栖息地。在贫瘠的亚丁和热带的缅甸,都能看到它们在筑巢、生活。

很明显,麻雀和人类聚居地之间有着紧密的联系。在美国,你可以看到它们跟随着铁路建设工人的步伐沿着新的铁路线向内陆进发,从一个栖息地前往下一个栖息地。它们青睐有街道和广场的定居点,不喜欢独立的房屋。

当许多空置的房屋出现,可以用来筑巢时,它们会放弃这个免费的机会,因为家麻雀"只会在有人居住的房屋附近的空置建筑里筑巢"[2]。

在第二次世界大战期间,麻雀随着英国第八军穿过北非沙漠,生活在他们的宿营地。1956年,大批麻雀生活在英格兰诺森伯兰的一个

---

[1] 引自萨默斯·史密斯,《家麻雀》,176页。
[2] 萨默斯·史密斯,《家麻雀》,209页。

地下煤矿里，靠矿工们喂食。不过，人与麻雀之间的这种亲密联系是可有可无的，因为我们发现在新西兰附近的无人岛以及印度北部的荒漠里也有麻雀在居住。

尽管有这些例外，或许也正是因为这些例外，这些鸟儿与人类的联系如此令人吃惊，简直太特殊了。到底是什么把麻雀和人联系在一起呢？是人类自身，还是与人类相关的什么呢？

麻雀对人常常是害怕和警戒的。它们很少会被驯养，也很少信任人类，人们对于圈养它们的尝试往往并不成功。它们只会生下很少的蛋，然后沮丧地养大自己的幼雏。当有人靠近时，它们一直保持警戒。

它们确实会放肆而大胆地进入厨房和起居室偷取吸引自己的食物。但是，它们只会停留几秒钟，接着就很快飞走了，可谓是来也匆匆去也匆匆。它们住在我们附近，但绝不是与我们一同居住。

事实更像是它们喜欢生活在人类活动的影子之中。我们工作和建设、车辆行驶和机器运作的地方——铁路大厅和工厂车间、街道和房屋，都是麻雀喜欢的生活区。在这些地方，我们的活动产生的垃圾、灰尘、烟和沙子，都能让麻雀找到适合它们自己的世界。

但并非有史以来都是如此。因为，人类的工业化进程是过去几百年间发生的事。在更早的时间里，麻雀在哪里居住呢？它们的历史和发展历程并不明晰。有些人认为它们逐渐从亚洲发展到欧洲；另一些人相信它们起源于非洲，从那里随着尼罗河河谷往北进发。各种各样的麻雀（石雀、意大利和西班牙麻雀）混迹在地球的许多地方，隐瞒了它们之前的历史。

但是，有一点很明确：麻雀分布区域的逐渐扩张发生于上个一千年，追随着农民的迁徙之路。哪里有人类耕作，哪里就有麻雀追随他们在那里定居。它们成为农民的伙伴，虽然从未靠近农民。

也许我们可以这样概括出麻雀在地球上的历史：首先，它们追随着农民和丰收；然后，它们陪伴人们进入更大的聚居地和城镇；最终，自19世纪以来，它们融入了人们建立的工业世界。

来自诺森伯兰煤矿的报告展示了新的发展阶段——家麻雀伴随着人类进入了幽深的地下。然而，它们保持着独立的个性，它们依然保持着天真烂漫，依然喜欢玩耍和聊天，依然信任这个世界。它们将自己的生活带入地下，却保留了自己的天性。

圣诞故事

麻雀曾经和其他的野生鸟类一样，它们在树林和灌木中筑巢，生活在开阔的草原、山丘和流淌着河流的平原中。那时，它们还能像百灵鸟、织布鸟（finch）、山雀和椋鸟一样歌唱，声音回荡在天地之间。在那个时候，它们还延续着迁徙之路，在秋季飞向南方，春季则飞往北方。

如今，小麻雀主要吃昆虫，以谷物作为辅食；成熟的麻雀则放弃了肉食，偏爱谷物。这反映出它们曾经历过进食习惯的缓慢变化。在麻雀依然是骄傲、自由的种群时，它们进食自然为它们提供的一切：蜘蛛和甲虫、蚂蚱和毛虫，以及其他的小生物。

但是，它们一步一步地放弃了野外的自由。它们的歌声变成了叽叽喳喳的叫声。伟大的迁徙也不再继续，因为人类开始在地球上定居。人类用犁耕种土地，播撒谷物的种子，再把谷物做成面包。然后，各种各样野生的麻雀来了，它们目睹了人类的这种活动，觉得很好。

它们把自己看到的景象报告给小天使，于是天使就知道了地球上发生的事。消息继续传到更高的天界："人类在地上耕作。"这声音回响着："他播种、丰收，然后准备自己的面包。"这是天上传来的美丽的歌谣。

这时，麻雀接到了任务："把你们华丽的外衣丢到一边，放弃你们的歌声，去住在人类孩子们的附近，把谷物当作你的食物，在人类的屋顶上筑巢。"

麻雀听到了这样的任务，它们的心跳开始加速。"噢，多么悲惨，"它们叽叽喳喳地说，"噢，多么开心！"其他的麻雀叽叽喳喳地说："好的，我们会承担这个责任，开始采取行动。"

从此，麻雀的心跳速度比人类的心跳速度快十倍：一分钟800次，一小时48000次，一天一百多万次。它们的呼吸也十分急促，当它们跳跃或者飞行，或者外面很热时，它们的呼吸能达到一分钟 200 次。它们的体温比人类的发烧体温还高很多。这些鸟儿虽然不起眼，体温却不低，心脏又跳得如此快，我们甚至很难辨识出它们单次的心跳，无法数清它们心跳的次数。对于我们来说，它们就像在轻巧地、焦虑地震颤。但是，对于麻雀来说，这是愉快的表现。

　　麻雀带来了光芒，这光芒像呼吸般美好，只有孩子偶尔在圣诞夜能看到。因为麻雀变得落魄了。它们的外衣成了灰色，像穷人一样；还有褐色，像家庭自制面包的颜色。但是，在这满足的外衣里流动着小欢喜和信任感。

　　麻雀是圣诞的信使。它们陪伴着人类，又保持着陌生的距离。但是，有一天，当圣诞之光也开始照射在人类的心中，它们就被驯服了。然后，它们就会站在我们的肩膀上，吃我们手中的面包屑。有些还会用喙衔起面包屑，将这代表着喜悦的食物放入人类孩童的口中。

第九章 海豚——海的儿女

当代人的兴趣

近年来，在许多地方，人们重新唤起了对海豚这一奇妙生命的兴趣。不论是报纸和杂志上的文章，还是一系列的书籍，都有关于它们天性和特点的描绘。人们的这种好奇心主要是被一些美国研究者激发的——首先是位于迈阿密的海军陆战队研究所的研究者，以及近几年在美属维尔京群岛以及其他一些地方的研究者。他们对一种特定的海豚——宽吻海豚开展了广泛的研究。研究者们认为，这些高智商动物可以在训练中发展出某种程度上对语言的理解力。

这项研究，尤其是约翰·C. 利利（John C. Lilly）和他的团队所做的研究获得了大量的政府资助，因为政府希望基于这些研究，人类能够发展出与太空探索可能遇到的地外生命沟通的能力。

就这样，这些动物具有的特殊魅力驱使着人类乌托邦式的科学求知欲。的确，只要是见到和观察过海豚的人都很难不对它们着迷。它们承载着一种满足感和喜悦感。多年前，一只海豚出现在奥波诺尼（Opononi）——新西兰北岛上的一个小地方，与那里的孩子和渔民成为好朋友。很快，成千上万的游客蜂拥而至，观看这只动物的社交秀：

> 有些人在看到奥波（Opo）的时候十分激动……为了触摸她，他们穿着衣服就走入水中……晚上，水里太冷了，海豚走了，每个人都在谈论她。在帐篷里……孩子们睡着后，露营者小声地交流着彼此对这奇迹的贫乏认知。就因为这只海豚，人们走进彼此的帐篷，立刻就能从陌生人变成朋友……这些友好的情感令人感到，这是一群渴望被原谅的人。①

古代也流传着类似的故事。希罗多德（Herodotus）、普林尼（Pliny）、斐拉克斯（Phylarchos）与许多其他的希腊和罗马作家一样，都记录了人与海豚那些引人注目的会面经历，描述了海豚与孩子和年轻人的友谊，以及它们为救落水之人表现出的热情和自我牺牲精神。四位日本渔民的船只在距离海岸大约50千米处倾覆了，但渔民被海豚援救了。每只海豚背上载了两位渔民，将他们送到岸边。这个故事是渔民们亲口讲述的。②

在希腊和罗马传说中，有许多关于海豚的故事。海豚的形象出现在钱币、杯子、罐子、墓碑和马赛克中。这是它们最集中地出现在人类意识中的时期。③

亚里士多德（Aristotle）在他的著作《动物史》（第九部）中用了大量文字描写海豚：

> 在诸多海洋生物中，海豚是他林敦（Tarentum）和卡里亚（Caria）以及周边地区流传的许多故事的主人翁。这些故

---

① 阿尔珀斯（Alpers），《海豚之书》（*A Book of Dolphins*），136页。
② 哈尔瓦格（Hallwag），伯恩（Berne），《动物》（*Tier*）1964年1月第三卷。
③ 拉比诺维奇（Rabinovitch），《传说中的海豚和希腊神话》（*Der Delphin in Sage und Mythos der Griechen*），以及希尔德加德·乌纳（Hildegarde Urner），《海豚作为宗教和艺术历史的主题》（*Der Delphin als religions- und kunstgeschichtliches Motiv*），《新苏黎世时报》（*Neue Zürcher Zeitung*），1959年10月3日。

第九章　海豚——海的儿女

事描述了它那温和善良的天性，它表现出的对男孩子的喜爱。有个故事说，卡里亚海岸附近有一只海豚被捕捉，而且受伤了，一群海豚听到它的叫声来到海港，一直停留在那里，直到渔民放开了自己的猎物；随后，这群海豚才离开。一群小海豚总是被后面的一只大海豚保护着。有一次，人们看到一群海豚，有大有小，不远处有两只海豚在一只死去的小海豚下方，用身体托起沉下去的小海豚。

从这些故事以及类似的观察可以看出，这些动物不仅与人类有着特殊的联系，彼此之间也存在亲密的关系与合作。[①]帮助他人像是它们的天性之一，这在动物界是很少见的，值得进一步的研究。那么，海豚是什么样的动物？它们又起源于什么呢？

鲸家族

海豚和钝吻海豚都属于生活在海洋和一些河流的更大的哺乳动物族群。它们被囊括在鲸目下，亚目是齿鲸亚目和须鲸亚目。

前者，如它们的名字所示，具有发育完全的下颚。须鲸则没有牙齿，嘴里长着巨大的齿条，能困住它们吃下的小生物。

须鲸亚目是现存最大的动物，其中就有在北极和南极海域被猎杀的蓝鲸和瓶鼻鲸。它们是神秘的生物，行为和生活方式都鲜为人知。它们的迁徙，它们的出现和消失也不完全为人所知。在上千年的时间里，它们被人类攻击和利用，有关它们的秘密却未被揭晓。

齿鲸亚目就完全不同了。它们中也有大个头，比如抹香鲸和白鲸。《白鲸》(*Moby Dick*)一书中就描写了一头白色抹香鲸的故事。它们的个头不比那些巨大的须鲸小多少，它们也被人类大量捕杀。但是，它们都长着牙齿，只是抹香鲸的牙齿只长在下颚。还有一个奇怪的族群，是独角鲸，它们只有一根巨大的牙齿，在极少的情况下有两根。这种

[①] 阿尔珀斯，《海豚之书》以及斯利杰普尔(Slijper)，《鲸》(*Whales*)。

牙齿会穿透上颚成为一根螺旋式的角，大概有两三米长。不然它们就相当于没长牙齿。

　　一些齿鲸是凶猛的掠食动物，它们会撕碎、杀死所有遭遇它们的生物。有一种可怕的虎鲸，长着像短剑一样的向上凸起的背鳍。一位丹麦的生物学家埃斯克里赫特（Eschricht）曾于19世纪在被人捕捉和杀死的这样一种生物体内发现了十三头钝吻海豚和十四头海豹依然新鲜的尸体。第十五头海豹堵塞了这怪物的喉咙，使它窒息了。①

　　鼠海豚主要生活在大西洋北部海域，有时候会游入大河，比如莱茵河、易北河与泰晤士河。对齿鲸来说，从咸水进入淡水看起来毫不费力。就连虎鲸都曾被人们在河流中发现和捕捞。

　　海豚在全球都有分布，但它们主要生活在北半球海域。在澳大利亚和新西兰沿海，则发现了目前在美国被研究的瓶鼻海豚。

　　这项研究虽然短暂且不完整，却为我们刻画了鲸的第一幅画面。根据目前的研究结果，须鲸亚目更多地生活在北极和南极区域，而齿鲸亚目的生活区域更接近赤道。口鼻部位像鸟喙一样向前延伸的淡水豚主要出现在赤道附近的河流中，比如恒河与雅鲁藏布江，而一些相近的种群则出现在亚马孙河、扬子江、湄公河、拉普拉塔河与奥里诺科河。只有齿鲸生活在河流中，并且是温带和赤道地区的河流中。须鲸主要生活在北极和南极圈周围的海域。在地球上拥有更长历史的须鲸生活在靠近极地的区域，而齿鲸的出现要晚一些，并且生活在赤道附近。这两个亚目在地域分布上有不少重叠部分，不过以上是它们大概的分布情况。

海豚的水中生活

　　这两个亚目有一个共同的特点：它们一生都生活在水中。海豹和鳍足亚目成员依然会在海陆之间活动。它们在陆地上交配和繁殖，幼崽则需要在水中学习游泳和捕猎。但是，鲸被完全限制在水中，在一

---

① 斯利杰普尔，《鲸》，274页。

第九章 海豚——海的儿女

生的任何阶段它们都不需要回到陆地上。只有当海水将它们推到岸上，而它们又因受伤或潮水退去无法回到水中，才有机会真正与陆地产生联系，但这里就是它们的葬身之地。和海豹相比，它们当然是更典型的水生生物，虽然它们是哺乳动物，但它们已经完全离开了干燥的陆地。海水和河流就是它们的牧场。

和海豹相比，它们的身体更适应水中的生活。例如，它们没有后肢，只有原始的盆骨证明它们曾经也长有后肢。它们的前肢也已经萎缩，成为两只鳍，用来控制它们的行动方向，而非提供推进力。而且，大多数齿鲸都发育出了巨大的背鳍，这是海豹所没有的。它们有许多与鱼类相似的特征。但是，在尾巴这方面它们与鱼类有着根本的不同。它们的尾巴并不像鱼类尾巴那样垂直，而是水平的，从尾骨上独立出来，能够自由地活动。尾巴快速有力地摆动，推动身体向前。所有的前进运动都是通过这种方式完成的。海豚的速度可以轻松地达到55千米/小时。

在运动方面，这些动物是伟大的艺术家。它们不仅是快速游泳健将，可以和任何大型远洋轮船竞争，还是惊人的跳水和潜水健将，常常从小船上方跃过，好像要戏弄船员似的。它们可以跃出水面几米高，然后又优雅而轻松地潜入水底。它们的运动小把戏很多，比海豹的动作要灵活得多。

它们能用鼻子顶着球并保持平衡、扔汽车轮胎以及寻回物品。在佛罗里达州迈阿密的海军陆战队研究所，人们观察到海豚在玩水鸟的羽毛。它们让这些羽毛在大水箱的水流中漂荡，然后去追逐它们，再把它们带回来。它们能让人类骑在它们背上以平稳的速度在水中穿行。没有鱼类可以做到这一点。所有的海豚都生活在群体中，它们很少单独行动。即便是它们与人类交朋友时，也常常有其他海豚陪伴。如前所述，当其中一头海豚受伤或者需要帮助的时候，它们会互相帮助。

阿尔珀斯讲述了多年前七头海豚如何搁浅在新西兰北部一个小岛上的事。它们有两三米长，度假的人们（阿尔珀斯的朋友，正是他们告诉他当时的情况）想尽一切办法将它们拖回海中。这种耗力的救援尝试却失败了，正是因为整个海豚族群的集体感情。如果七头海豚中的一头被拉回到了水中，它会拼尽全力重新加入它那搁浅的同伴们。没有一头海豚愿意离开需要帮助的同伴。经过数个小时的不懈努力，两头海豚获救了，其他的海豚都死在了岸上——它们的集体感不允许它们在其他海豚丧生时独活。

在鸟类和其他哺乳动物中，这种行为只会出现在它们哺育后代的时候。这个时候，母亲会牺牲自己以保全后代的生命。而在海豚族群中，这种行为发生在每个成员身上，这是独一无二的。

利利报告了如下事件：

> 一头被运到大型海洋水族馆的海豚在被丢入水池的时候，头部撞到了水池的侧边。它被撞得失去了意识，沉到了水底。其他的海豚把它推到水面上，一直举着它，直到它恢复了呼吸。[①]

还有一些类似的观察：一头海豚母亲把自己刚出生的幼崽推举到水面上，直到它呼吸到第一口空气。这是因为幼崽降生在水下，交配也发生在水下。

所以，我们现在要研究的这种哺乳动物终其一生都生活在水下，但是要时常浮到水面呼吸。所有的鲸，包括齿鲸和须鲸，都只有在确保可以呼吸的情况下才能生活在水中。它们呼吸的间隙和条件各不相同。据说，海豚为了呼出废气吸入新鲜空气，需要每隔三到五分钟浮到水面。然后，它们迅速地呼吸，每次交换五升至十升的气体。

感 官

从这些描述我们可以很清晰地看到，对于海豚和鲸来说，主管呼吸的器官是它们生命的核心，那就是它们头顶上的呼吸孔。它是一个小洞，可以通过瓣膜打开和关闭。这个复杂器官的肌肉组成方式可以

[①] 利利，《人类与海豚》(*Man and Dolphin*)，36 页。

使它主动打开、被动关闭。这个洞就像用来呼吸的门，在海豚浮出水面时主动地打开，而当海豚潜入水中时则被动地关闭。

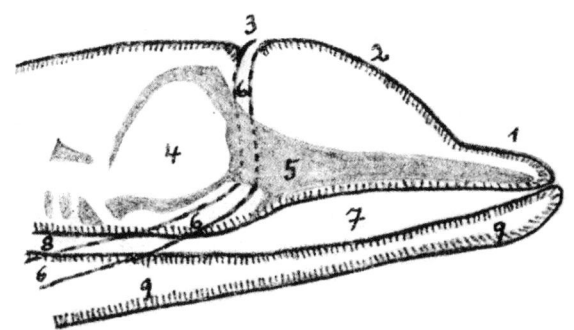

1—额隆；2—上颚；3—呼吸孔；4—脑部；5—上颚骨；6—气道；
7—嘴巴内部；8—食道；9—下颚

瓶鼻海豚的头部构造（利利）

头部上方中间的这个点不能被比作人类的头顶，因为呼吸孔后面才是头骨开始覆盖的地方，里面嵌着大脑。呼吸孔所在的位置只相当于人脸上鼻子的根部区域。但是海豚没有完整的外鼻，只在呼吸孔旁边存留了内部鼻道。看起来像鼻子的部位其实是上颚，里面填充着油脂。一条气道从呼吸孔往下垂直穿过上颚，进入复杂的喉部。吸入的空气就从这里穿过一条短小的通道进入肺部的支气管。用于关闭呼吸孔并连通气道的器官是一个瓣膜和环状物组成的系统，可以在各种环境中独立地打开和闭合。

在呼吸孔的正下方，气道变宽进入对称分布的两个大的储气室和两个小的储气室。这些储气室围绕着气道，封闭在厚厚的肌肉网中，用于发出声音，而且无论在水下还是在空气中都能发声。喉部不仅能调节呼吸的气流，或许也能够在水下发声。现在，我们确定海豚能通过许多种声音互相交流，包括低沉的吱吱声，以及从呼噜声、口哨声到频率高到人耳无法听到的声音。这些声音会在它们遇到危险、寻求其他海豚帮助的时候发出。(如前所述，那七头搁浅的海豚就通过这些高频的声音交流。)

另外，海豚还会发出另一种超声波：这种超声波遵循了回声定位的原理。水中的固体，例如鱼、鱼群、船只和岩石，会回响或反射这些声波，然后海豚又捕获了这些声波，形成了感觉印象。① 这些超声波信号以变化的节奏间歇地发出：

> 很明显，它（这种声呐系统）可以被用于判断物体的距离和方向，还能判断它的形状。它们通过这项技术找到自己想吃的鱼，把它和其他物体区分开来。②

海豚的整个身体表面可能都对这些反射回来的声波相当敏感。它们的皮肤十分光滑，好像不会受到伤害。当皮肤受伤时，下面的脂肪层会释放出油脂进入伤口，止血并愈合伤口。

海豚的皮肤上不长毛发，脸上也没有胡须。它的整个身体都光滑闪亮，也许正是为了使回声定位更加精准。

就这样，它们的鼻子退化成了长在特殊位置的呼吸孔和气道。嗅觉器官和两条嗅觉神经的完全丧失就与此相关。我们需要假设，海豚在浮到水面呼吸的时候，无法感知任何味道。对于它们是否具有味觉，也值得怀疑。③

但是，它们有一个感觉器官是高度发达的，那就是耳朵。海豚的耳朵从外面看几乎是隐形的，就是眼睛后方的一个小开口，外耳道十分狭长，弯曲成了"S"形。耳朵的中部和内部发育得尤其复杂。耳朵外部的骨头非常坚硬，是动物界最坚硬的骨头。不像人类和大部分哺乳动物，这里的骨头和头骨并非有机统一体，而只通过韧带和肌肉连接。通过这种方式，耳骨（岩骨）能往多个方向移动，以便倾听某个

---

① 肯尼思·S. 诺里斯（Kenneth S. Norris），约翰·H. 普雷斯科特（John H. Prescott），保罗·V. 阿萨·多里安（Paul V. Asa-Dorian）和保罗·珀金斯（Paul Perkins），《钝吻海豚与宽吻海豚的回声定位行为实验展示》（An Experimental Demonstration of Echo-Location Behaviour in the Porpoise, Tursiops truncatus），《生物通报》（Biological Bulletin），海洋生物学实验室，伍兹霍尔，马萨诸塞州，1961 年 4 月。
② 利利，《人类与海豚》，73 页。
③ 同时，我们知道，它们至少能区分主要的味道：酸、咸、苦和甜[W. 格瓦尔特（W. Gewalt）在《格奇梅克动物百科全书》第四卷中的言论]。

特定的声音。

海豚真正的内耳——耳蜗比人类的耳蜗大得多。它有两个蜗盘，与感知高音符相关的中下部高度发达。与这个器官相连的听觉神经也比人类的更强大。如果考虑到海豚对高音符和超高音符的感知力比包括人类在内的其他哺乳动物要高不少，那么它们整个耳部的特殊构造就都能被理解了。人类能够辨别20赫兹和20千赫兹之间的声音。鲸和海豚，尤其是后者，可以辨别280千赫兹的声音。

所以，海豚，可能还包括其他大部分鲸类，是一群具备了特殊听觉能力的动物。它们主要通过声音、声调和噪音感知周围的环境。回响着声音的空气不是它们的王国，回荡着声音的水才是。它们呼吸着空气，却体验着水中的环境：声音和涟漪、波涛的回声、海浪的低语。

希腊人将海豚与吹长笛的狄俄尼索斯、音乐之神阿波罗联系在一起，而且让海豚随里拉琴的声音嬉戏，不是很令人吃惊吗？

大　脑

所有海豚、鼠海豚和其他鲸类都具有的另一个特点，就是大脑的发达程度十分罕见。没有任何其他非人类的哺乳动物能和它们相比，就连类人猿也不能。在大脑的绝对和相对大小方面，齿鲸是唯一与人类接近的哺乳动物。

蓝鲸或抹香鲸这类巨大的生物拥有庞大的脑部是不足为奇的。抹香鲸的大脑重达8公斤（18磅）。但是，海豚和鼠海豚比人类的个头大不了多少，却拥有和人类几乎相同大小的大脑，这就非同寻常了。

除此之外，海豚大脑的形状、结构和沟壑与人类的大脑非常相似。前者的确像是从后面被挤压过似的，不过在发育的复杂性方面，它并没有太落后于我们人脑的构造。它的沟壑与折叠部分很多，而且最近的研究表明，其神经细胞的数量和人脑物质相似。小脑也是一样，它不仅很大，还和人类小脑很像，而且一样复杂。

在大脑神经中，嗅觉神经缺失了，只在一些须鲸身上保留了基本形态。视觉神经也相对较小。只有听觉神经大得惊人，几乎是最发达的感觉神经。与此相关，所有与听觉有关的大脑部分都发育得非常完全。这一点也表明了海豚天生就沉浸在声音的王国里。

但是，为什么它的大脑这么大，而且和人类的大脑那么像呢？对于那些研究这项问题的人来说，找到答案是当务之急。利利和北美洲的其他研究者选择了瓶鼻海豚作为实验对象，因为他们认为其大脑的体积应该能够承载语言交流。例如，利利确信，语言能力受限于大脑的特定大小，成长中的儿童只有在大约两岁，即大脑已经足够大时才能开始学会表达自己。

我们对这种考虑的确应该持某种怀疑态度。但是，问题并未解决：为什么海豚和其他齿鲸拥有如此发达的大脑？许多研究者将其与它们高超的运动技能联系起来；还有些研究者相信，异常活跃的新陈代谢体系才是原因。不过，虽然有诸多可能的解释，真正的答案却依然是一个谜。

关于这一点，海豚无比成熟的社交行为就需要被考虑了。这一点我们在前面已经描述过，即它们彼此之间强烈的情感联系，以及它们对人类表现出的友善。我们需要记住的是，海豚对其他动物，比如鱼类的表现是完全不同的。据说，许多地区的渔民都得到海豚的帮助。他们发出尖锐的口哨声召集海豚，然后海豚就把鱼群追逐到船边，就像猎犬将猎物往猎人的方向驱赶一样。普林尼描述过这种行为，海豚的爱慕者欧皮阿努斯（Oppianus）也一样。在我们的时代，也有类似的目击。①海豚对鲨鱼尤其抱有敌意。它们用闭合的颌部攻击鲨鱼的身体，然后用锋利的牙齿撕裂伤口。但是，人类几乎从未被它们追逐或攻击过。

利利曾称自己从未见过睡着的海豚，这一点很重要：

> 由于它们不像我们一样总是要抵抗重力，它们不需要像我们一样睡觉。正如我们所发现的，它们无法承受任何原因引起的深度无意识状态——麻醉、癫痫性惊厥或者被迎头一

---

① 斯利杰普尔，《鲸》。

棒击晕都会致它们于死地。①

如果你记得所有的鲸类都需要每隔一段时间就浮到水面呼吸，你就能理解这一点了。如果不能呼吸，它们就必死无疑。也许这就是为何它们的大脑那么大：是为了不让它们睡着，大脑皮质的不同部分可以交替活跃，被意识消耗过度的部分就有时间恢复精力？②

如果不是通过这种方式，这种持续性的清醒状态该如何保持呢？这里面有许多谜题等待被解答。但是，一直醒着的海豚不是给大洋深处带来了光亮吗？鱼拥有朦胧的、梦一般的意识；然而，鲸类却将它们不间断的、属于白昼的意识带入海洋深处，将光明带到黑暗的王国。

海豚的天性

要把所有这些现象囊括进一个单一而全面的画面，来反映海豚的天性和发育情况，是一项艰难的任务。另外，尝试绘出这样的图画，是对的吗？

我们描绘了地球上的海洋，庞大的须鲸就在里面遨游。它们就像是远古时代的纪念物，在极地地区的海域放牧，进食上亿数量的小生物。靠近赤道地区，齿鲸也加入了它们——从庞大的抹香鲸到凶猛的虎鲸，还有海豚和鼠海豚的群体。对于所有这些动物来说，虽然它们是哺乳动物，水中的生活却早已被命运限定。为了呼吸，它们要持续地从海洋深处浮出水面，而这又需要持续的清醒，睡眠以及任何其他丧失意识的状态都会带来死亡。所以，它们的脑部特别大，而且和人类的大脑一样拥有复杂的褶皱。鼻子是朝上生长的，所以它的开口变成了一个呼吸孔，就位于头顶。

通过这种方式，哺乳动物那紧密连接的嘴巴和鼻子在解剖学上分

---

① 利利，《人类与海豚》，36 页。
② 柯尼希的这个假设被证明是正确的。贝科维奇（Bercovich）写道，海豚只有半个大脑会陷入睡眠，另外半个大脑一直是清醒的，这样它们就能一直游动，以及浮到水面换气。

离了。在它们之间形成了一块未被利用的空间，使得所有的鲸类，尤其是海豚长出了独特的脸形。间距较大的两只眼睛审视着上颚的这片空区。空气从上方排出和吸入。进食和呼吸的明显分隔是鲸的典型特征。通过向上的呼吸孔，它们给呼吸留了一个特殊的位置。对于它们来说，这一定类似于人类形成思想画面的能力，因为鲸类的呼吸过程不像其他大部分动物那样节奏分明，它们的呼吸依赖于意识、生命中的不同情境以及活着所经历的痛苦和欢愉。

另外，它们的嗅觉也已经丧失。嗅觉能力的减退带来了另一项能力的增强。鲁道夫·施泰纳曾描述了动物界高度发达的嗅觉的丧失如何导致了人类智力的发展。[①]人类的面部不像许多反刍动物、猛兽和猿类那样向前延伸，而是上下呈一个平面，使额头和下巴拥有更多的空间。

那么，海豚的嗅觉转化到了哪里呢？它通过一种变形过程转化成了高度发达的听觉，对空气和水中无穷无尽的声波王国敞开了大门。海豚是一种聆听世界的生物，通过听觉获得的认知来描绘存在的画面。声音通过呼吸被转化成意识经验，然后很有可能变成了它们的记忆。

海豚通过眼睛察觉人类，这一点已经被利利和他同事们的描述证实。当人类用目光注视海豚时，它就会变得温顺友好。然后它就将孩子或者年轻人背在背上，带他们乘风逐浪，表示它希望成为他们现在的样子，欢乐地承认他们的人性。这就是海豚的视觉世界。

而通过听觉，海豚生活在自然王国，而非人类世界。它通过听觉捕食鱼类，打败宿敌——鲨鱼，以及在水中高速前进。不过，一旦看到船只上的水手和渔民，它就变得友好、快乐和温顺。随后，眼睛进入了它们的意识，光和空气成为主导环境。

这就如同海豚生活在割裂成两半的世界：在上方的空气和光线中以及在下方的水和声音中。在空气构成的世界，它遇到了人。在另一个世界，它能找到身体所需的营养以及作为动物的生存空间，能遇到

[①] 施泰纳，《自然科学的边界》(*The Boundaries of Natural Science*)，1920年10月3日的演讲。

第九章 海豚——海的儿女

其他动物，不论是天敌还是伙伴。

斯利杰普尔讲述说，在海军陆战队研究所，海豚会被 300 到 400 千周的声音（大致是低 C 到高 A 的音域）吓到。①

这样的观察表明，我们和海豚的听觉感受明显相反：我们的美妙音乐会把它们吓走；而对我们来说刺耳的声音，比如高音汽笛，反而会吸引它们。

它们就这样远离了我们，但仍是我们的一部分。但是，当它们远离向人进化的路线时，是什么促使它们寻求海底世界，而非干燥陆地呢？

一个希腊传说为我们讲述了狄俄尼索斯年轻时候的故事：

>……当他站在岸上望向远方时，被伊特拉斯坎（Etruscan）海盗带走。他们把他绑在桅杆上，但是绳子"从他的手和脚上滑落。他站在那里微笑，睁着幽深的眼睛"。一根粗壮的葡萄藤围绕着桅杆和帆生长起来，甜美的酒香溢满整条船，船员和船长都醉了。只有舵手依然清醒，发现船上有神。但是狄俄尼索斯化身狮形吓唬水手。在恐惧中，他们纷纷跳入海中，化为了海豚，在船只周围游动。只有舵手依然如故。神向他展示了自己宙斯与赛墨勒（Semele）之子的身份。②

对于希腊人来说，海豚的起源与年轻的狄俄尼索斯有关。他们可能相信，那些无法抗拒酒香和酒力的人，就变成了海豚；而保持清醒与正直的人，比如舵手，就能留在人类世界中。鲁道夫·施泰纳曾这样描述狄俄尼索斯：

>我们目前的自我意识和知识文明，以及我们的理性、自我中产生的一切的宏观对应物，实际上是第二个狄俄尼索斯，宙斯和赛墨勒之子……（指另一个传说，它讲述了狄俄尼索

---

① 斯利杰普尔，《鲸》，204 页。
② 克雷尼（Kerényi），《希腊诸神》。

斯前往亚洲的旅程）到处教人农耕技艺、栽种葡萄的技术，等等……知识文明的方方面面都来自年轻的狄俄尼索斯的旅程。①

那些没能向着"自我"意识迈进一步的人就被丢下了，变成了海豚。这一点虽然是通过神话表达出来的，却是理解海豚天性的钥匙。

人类的"自我"意识达成的时候，只能发展下去，因为大脑会成为反映思想和精神画面的镜子。鲁道夫·施泰纳在描述引起这些的创造力时，就说明了这一点：

> 当古希腊人将他的感觉指向微观世界、指向人，他称一个要素为狄俄尼索斯主义，这个要素来自地球，所以是宏观的，并且在构建大脑过程中扮演了一部分角色。也就是说，是狄俄尼索斯在我们体内将我们的身体组织变成了精神生命的镜子。②

在这里，我们就能清楚地看到海豚的历史性牺牲。它将自己从狄俄尼索斯所引导的人类进化之船抛入海中……它离开了发展智力的交通工具，只为带走那些属于深海的力量，不然这些力量会阻碍身体成为人类思想的镜子。狄俄尼索斯真正的孩子留在上面，在光明里；深海的力量则与曾经从它们身上解放人性的鲸类待在一起，神只有在一年的特定时刻（酒神节期间）才会召唤它们。

当长笛声渐消，当马斯亚斯（Marsyas）开始反对阿波罗，狄俄尼索斯的敌对势力被释放，这些力量就开始起作用，在希腊语中有一个词可以形容它们，即 delphos，意为"子宫"。这些也就是希腊人所知的阿波罗在他的中央神庙德尔菲用神力护卫着的力量，而德尔菲正与 delphos 是一个词。

---

① 施泰纳，《世界奇观》，1911 年 8 月 22 日的演讲，98 页。
② 施泰纳，《世界奇观》，1911 年 8 月 24 日的演讲，120 页。

神 话

有两个传说描述了德尔菲神庙的建立，都与海豚有关。其中一个传说把神庙的起源归因为阿波罗之子优卡迪奥（Eucadio）。他和他的伙伴——仙女吕喀亚（Lycia）遭遇了海难。在他们绝望之际，一只海豚游了过来，把他们驮在背上，送到了帕纳索斯山脚下。在那里，优卡迪奥建了一座德尔菲神庙献给自己的父亲。

但是，还有一则记录说阿波罗本人曾化作海豚，躺在驶向希腊的一艘克里特人的船上。他用自己的力量将船推向克律塞（Crissa），德尔菲的海港。在这里，阿波罗跃向岸上，如"正午的星星。许多闪耀的火花从他身上落下，荣耀之光照亮了天空"。不过，阿波罗以年轻人的形象出现在恐惧和迷茫的克里特人面前，带领他们走向神庙，任命他们为第一批德尔菲祭司。

在这两篇神话中，海豚都是德尔菲神庙建立的重要媒介。它之所以成为圣地是凭借了深海的力量，虽然这些力量也被束缚和掌控着，但它们被皮提亚（Pythia）吸收，通过祭司起作用。这些与狄俄尼索斯所征服的是同一种力量吗？或者说，它们是黑暗中更强大的力量吗？

一个古代传说讲述了两条栖身在帕纳索斯山脚下的龙：一条雄的名叫提丰（Typhon），另一条雌的名叫德尔菲妮（Delphyne）。德尔菲妮被阿波罗视作最大的敌人。为了征服这条龙，阿波罗要先变成龙的样子。正是这种力量统治着自然之力，而自然之力又控制着持续重复的繁衍与生殖的盲目过程。（因为德尔菲是子宫的意思。）阿波罗从这"海豚"之形获得自由，像一颗星星一样升起成为这力量的主人。就这样，原本女性天性中的无限繁衍力量被太阳神征服，并且通过女祭司开口说话。于是，阿波罗作为凶手的形象就一直活在希腊人和后世人的意识中。鲁道夫·施泰纳这样描述道：

> 希腊人想象，当龙化成骚动的雾气从裂缝中升起，阿波罗用自己的箭射龙。在这里，在希腊人的阿波罗身上，我们看到了射龙的圣乔治的世俗映象。阿波罗征服了龙之后，一

座神庙建立起来，我们没有看到龙，而看到雾气进入皮提亚的灵魂，以及希腊人想象中的阿波罗生活在这些龙雾气的旋涡中，通过神谕和皮提亚的双唇做出预言。①

阿波罗必须把自己变成"德尔菲妮"。他通过这种方式赢得征服龙的力量。在雾气中他的力量起了作用。所以，阿波罗用了海豚诸多名字中的一个：阿波罗·德尔菲纽斯。

连同太阳神的形象，我们遇到了海豚的宏观形象。这些就是阿波罗所掌控的原始进化力量。陪伴年轻的狄俄尼索斯的海豚代表了人类微观形象中的同样的力量。在创造的宽阔空间里，光明之神阿波罗征服了深海的黑暗力量。

希腊人创造的两个路径以这种方式展现出来：一条路将人引向自然的宽阔空间，另一条路则通向人自身的心灵深处。但是，在德尔菲，两条路相交了。春季，阿波罗从北方归来，在神庙中停留九个月。冬季，狄俄尼索斯就替代了他。他们都是德尔菲亚世俗力量的守护神，这些力量在自然的存在与变化中发挥着作用。

现在，我们发现自己处在海豚神秘命运的中心，这正是我们所寻找的。强大的须鲸因阿波罗在宇宙和人内部的活动而出现，位于更南方的齿鲸则因为狄俄尼索斯在宇宙和人内部的活动出现。

现在，我们可以探究这两大鲸族的外部进化了。不过，我们对此能探寻到什么事实吗？只是近年来，这个研究方向才有了一些决定性的发现。血清学研究已经证明鲸类和偶蹄动物（猪、骆驼、反刍动物）非常接近。我们可以假设这两大类动物在始新世时期拥有同一个祖先。这个必定拥有众多分支和形态的家族的少数样本在过去百年间被发现了。它们被归类在古鲸亚目之下的动物系统中。

它们都长着龙一样的身体；四肢萎缩，尤其是后肢；身体都巨大无比；鼻子仍然位于前方，和嘴巴紧密相连，和陆生哺乳动物一样。有蹄类动物和鲸类正是从这种原始形态进化而来。

---

① 施泰纳，《圣仁与精神世界》(*Christ and the Spiritual World*)，1913年12月30日的演讲，66页。

第九章 海豚——海的儿女

　　我们不应该假设这种龙一样的哺乳动物生活在沼泽中吗？不然为什么它的肢体萎缩了呢？它在水中跋涉爬行，无法走路。随着陆地逐渐坚硬，两个截然不同的种群形成了。一个爬上干燥的地面，发展成了有蹄类动物；另一个留在水中，发展成了鲸类。鲸类从未成为陆生哺乳动物。它们经历了变形的过程，古鲸进入河流和海洋。这个过程发生在古文明终结时期。

　　人的道路是向上的。人类被有蹄类动物陪伴着，它们走过的沼泽地面变得越来越坚硬，脚变成了蹄子。有蹄类动物能够出现在已经形成的、坚实的草原和草地上。它们长出乳头，开始产出奶。它们头上长出了角，这是它们命运新的、未知的标志。它们发育出的这些结构，就像那些带给人类艺术氛围的乐器一样。西塔拉琴和里拉琴以最美的形式出现在它们额头上方。

　　鲸类头骨里的大脑在它们身上变成了头骨外的角的形态；在人类身上，它们都变成了思考的能力。

第十章 人类的伙伴——猫和狗

猫和狗的天性

很久以前，狗就开始陪伴人类。人与狗的联系是如此的紧密，不禁令人奇怪，两者一直都是如此吗？会不会在一段更早的历史时期，人与狗是分开的呢？这个问题是难以回答的，因为狗在古生物学史前史中还有许多谜团尚未解开。在层层迷雾中，我们很难得出一个清晰的结论。

人们依然在寻找一个唯一的犬类祖先，它在繁育和选择的过程中发展出了无数不同的早期和现代犬种。然而，我们从埃及雕像、巴比伦印章以及希腊花瓶上已经能看到各种各样的狗，有的为我们所熟知，还有一些已经被我们遗忘：有大的也有小的，有长嘴的也有扁嘴的，有单色的也有花色的、斑点的，有长毛的也有短毛的，有大耳朵的也

第十章 人类的伙伴——猫和狗

有小耳朵的。所以，如果我们追溯到三千多年前甚至更早之前，我们就已经能认出博美和雪达犬、牧羊犬和灰狗、狮子狗和西班牙猎犬了。

另外，古生物学还发现了多种多样的骨骼，于是我们就能假定即便是在石器时代早期，大部分犬种就已经存在了。在这个领域，特奥费尔·施图德（Theophil Studer）的研究尤其重要。[①]他首先对19世纪末可用的素材进行了整理——虽然他的发现在今天仍受到某种程度上的质疑，但他的基本结论却依然具有参考价值。他区分了两个基本犬种：一种是古北区的北方犬，另一种是分布范围延伸到印度的南方犬。这两种犬类都陪伴着人类，从未出现野生形态。人们普遍认为，犬类与豺和狼的持续杂交导致了世界各地的犬类大家族中出现了林林总总的亚种。的确，犬类和狼的特点是，它们都具有高度易变的身体，能够在最短的时间内适应新环境。例如，自出生就被人类圈养的小狼的头骨和鼻口与野外表亲的相比更短小。另外，从小哈巴狗到大猎狼犬，犬类之间令人瞠目结舌的变化也展示了它们体形的可塑性。在这方面，确实没有其他动物可以与犬类匹敌了。

狗被称为"最古老的家畜"，因为在早期历史中，它就已经和主人紧密地联系在了一起。一部古老的波斯律法宣称世界存在皆因犬之聪慧。[②]波斯文化认为它能上天入地，在地下的黑暗之域，它是掌管冥界入口的塞伯拉斯。

于是，在一些文化中狗就站在人类必须跨越的死亡之门旁边。这使我们理解为何在许多英国人和法国人的墓碑上会描绘一位已经死去的骑士，他的脚踩在狗的身上。

不过，将狗称作家畜，把它和牛、羊、鸡、猪和马并称，是正确的吗？它难道不是占据了一个与众不同的位置吗？我们为其他所有的家畜和家禽修建畜栏，保养草地和牧场，把它们养在我们身边。而狗

[①] 参见维尔肯斯（Wilckens），《家畜自然史的基本特征》（*Grundzüge der Naturgeschichte der Haustiere*）。

[②] 参见赖因哈特（Reinhardt），《农场动物的文化史》（*Kulturgeschichte der Nutztiere*），6页。

和猫不同，虽然我们有时候也给它们提供属于自己的小房子或者小篮子，它们依然会和我们共享屋子和住所。狗和猫这两种动物与我们的关系一直都比牛和羊与我们的关系更近。马的地位很特殊，我们将单列一章来讲。

我们看到，狗和猫从很早的时候就开始陪伴人类，而且和人类发展出了亲密的关系，没有任何其他动物能在这方面与它们相比。许多动物生活在人类周围是因为离开人类它们无法生存。许多鸟类，比如乌鸦、鸽子、燕子、猫头鹰、天鹅和鹳，还有大部分的麻雀，都生活在人类周围。熊、大象、鬣狗和水牛也离我们很近，但是它们都保留着自己的生活空间。它们生活在人类附近，却不与人类生活在一起。自然法则和四季变化依然与它们的生存息息相关，动物和环境如同钥匙与锁一般互相适配。

家养动物就不同了。通过人类的驯养，它们弱化了与自然的联系。它们需要围栏和棚子、围场和草地，因为它们无法自己寻找庇护和食物。它们从求生的挣扎和渴望在野外巡视转变成为人类服务，从而变得温顺，享受安全。现在人们随时都能喝到牛奶，吃到鸡蛋，穿上纺织羊毛品。一旦靠近我们，它们就开始为人服务。

然而，狗和猫却不是奴仆，因此它们不能被列为家畜——虽然这个词的字面意思只适合指代它们，因为只有它们坐在我们的壁炉旁，享用我们的屋子，陪伴在我们身边。①

是否在很久以前的某个时期，它们被人类驯服了呢？或者这只是源于进化论的见解？如果某些猎鹰和野生动物在今天被驯化，和各类动物被驯养的过程就完全不同。这些被驯化的动物生下的幼崽永远不会因为它们的父母学会了服从就被完全驯服。它们还保留着野性。假设如今流行的驯养观点站得住脚，当时发生的过程真是动物天性的一个基础性改变，因为它将学到的行为习惯传给了后代。单单这样一个想法就很难理解或者用实验展示了。

---

① 如果有人反对，说鹦鹉、喜鹊、金丝雀和虎皮鹦鹉也同我们一起生活，是不对的。它们是作为俘虏和我们一起生活的，它们必须被拴起来或者关在笼子里。但是狗和猫不同，它们很少企图逃走。

如果我们设想动物和人类曾经亲密无间，共同生活在一起，是不是更自然一些呢？根据这个观点，所有的动物都曾与人类亲近。慢慢地，一些动物发展出了野性，离开了人类世界，融入人类所陌生的自然环境中。换句话说，野生动物并非逐渐被人类驯养，它们是后来变得有野性的。于是，我们可以想象出一条双重路径：一条路从人类通往野外；另一条更短的路，使牛羊猪成为人类的奴仆。

在这个图景的启发下，我们能看到狗和猫用更加直接的方式在我们身边进化。这两种动物一直保留着原始的形态，并一直生活在我们左右。而狮子、老虎、美洲狮、美洲豹和花豹，以及狼、狐狸、豺和澳洲野狗则是由它们进化而来的。所以，我们可以试着建立全新的观念：人类位于中心，狗和猫陪伴在侧。狗跟在他的左边，猫跟在他的右边。的确，我们不能假设它们一直都长成现在这副模样。它们最初与自己的祖先更接近；它们的形态易变性更强，不拘一格。不过，今天的狗和猫依然比它们的野生亲戚们更接近原始祖先的样子。"广义"的狗和猫从史前时代起就陪伴人类进入历史舞台，那些野外的犬科和猫科动物都由它们进化而来。

现在，我们该描绘狗和猫作为食肉动物的典型代表所具备的特点了。

猫和狗的特点

要找到犬科食肉动物和猫科食肉动物之间的本质区别，并不是件容易的事。但是它们又具有明显的不同，我们不会弄不清某种生物属于犬科还是猫科。这些差异体现在哪里呢？它们不仅存在于两种物种的解剖学层面，还体现在它们的行为、性情和反应方式当中。

在身体的构造方面，它们没有基础性差别。两个物种都体现了典型的食肉动物特征：敏捷、灵活、强有力的四肢，整个身体结构（就连颌骨）都是为了追逐和攻击猎物而生。腿部托起轻盈的、常常伸展开来的躯体高速前进，而躯体也从未因体重或笨拙妨碍它们奔跑、散步和攀爬。

不过，现在我们遇到了两个物种之间的第一个区别。犬科动物的四肢更长，它们的身体比猫科动物的身体离地更高。它们的腿不仅长，还更细、更擅长奔跑。很少有犬科动物会爬树，但是对于大部分猫科动物来说，树林和灌木丛从来都不是障碍。美洲虎和花豹从树枝上扑向猎物，并且将战利品拖上树冠，因为在那里进食更安全。

另外，犬科动物没有猫科动物那样的爪子。狗永远不会用前爪发起攻击，狼、豺和狐狸也不会。相反，猫、狮子和老虎则会用爪子发动攻击，而且往往第一击就是用前爪扇向对方，然后才使用颌部。犬类则是使用颌部和牙齿的攻击者。它们一直追逐猎物直到猎物筋疲力尽，然后就用颌部粗暴地发起攻击。而猫科动物则会悄悄逼近，然后突然扑向猎物，在对方没能反应过来时就用前爪发起攻击。当然，猎豹也会像犬科动物一样追击猎物。希尔茨海默（Hilzheimer）这样描述它们：

> 它们以一种特殊的方式将犬科动物与猫科动物的身体特征结合起来……它们长着长长的腿，适合飞奔，多少有点像犬类。①

还有两种特点与这种行为上的差异相关。猫的爪子是可伸缩的，它在奔跑时把爪子收起来，在攻击和抽打时把爪子伸出来作为武器。狗的爪子并不锋利，而且无法伸缩，但作为补偿，它的嘴巴更长，长着更多牙齿。猫科动物一般有 30 颗牙齿，犬科动物有 42 颗牙齿。它们的牙的排列方式如下图所示：

1	3	1	3	3	1	3	1
1	2	1	3	3	1	2	1

猫

2	4	1	3	3	1	4	2
3	4	1	3	3	1	4	3

狗

狗的嘴巴是伸长的，所以能长更多的牙齿，但它的前腿缺乏攻击力和撕扯力；猫则恰恰相反，它们嘴巴更短，前肢却能更自由地活动，并且更容易摆脱地心引力。所以可以说，狗局限于嘴巴的功能平均地

---

① 布雷姆，《哺乳动物》（*Die Säugetiere*）第三卷，150 页。

分布在了猫的周身。

狗只用嘴巴和牙齿发动进攻，部分由于这个原因，它的嘴巴成为一种换气的器官。当狗在运动后过热时，它就会喘气，通过呼吸呼出热气、吸入凉气。

除此之外，狗的鼻子和嗅觉是高度发达的。它通过嗅觉进行"识别"和"记忆"。这是它超群的感知和定位系统。似乎狗对主人的依恋就是通过嗅觉实现的。希尔茨海默写道："在狗的嗅觉神经损坏或在嗅觉丧失后，这种依恋就会消失。"[1]

总体来说，和狗相比，猫更加独立。它们生活在我们身边，与我们共处一室，但依然保留着自己的世界。这种生物在一定程度上拥有自给自足的能力。不论身在何处，它们都保持着自己的节奏和生活方式。它们旁若无人地舔舐和清洁自己的身体；只要它们愿意，它们就沉浸在自己的世界中，不被打扰。相反，狗是周围世界的一部分，它们活在主人的眼神和手势中。世界，尤其我们人类，是它们的主宰。

分析了猫科动物和犬科动物的特点，我们就得出了两者的基本类型。狗的存在焦点在于它的头部，它的嘴巴、牙齿和鼻子异常警觉和敏感。当嗅到什么味道或听到什么声响时，它的耳朵会立刻竖起，嘴巴微张，眼睛直视可疑物体。随后，它的头部猛地抬起，整个身体随之冲过去。

猫的敏感部位则更加分散。它们的皮肤极其敏感，而且嘴巴和鼻子旁的胡子，以及前肢和耳朵都有敏锐的知觉。难怪它们能捕捉到其他动物感受不到的、最轻微的空气振动。这就是为何猫很讨厌弄湿自己的身体，因为这样会使它丧失敏感度，令它无法忍受。所以，大部分猫科动物都非常怕水。犬科动物在这方面就不同了，它们大都喜欢玩水，而且天生就是游泳健将。

于是，我们又发现了它们之间的另一个区别：狗的敏感部位集中于头部，而猫周身都是敏感部位。猫具有最敏锐的触觉，狗则拥有辨别力最强的嗅觉；猫喜欢晒太阳，而狗更喜欢躲在阴凉处和水中。这

---

[1] 布雷姆，《哺乳动物》(*Die Säugetiere*) 第三卷，51 页。

是否能解释为何健康的狗鼻子都是湿湿的、凉凉的？

猫科动物的形象一般偏向于圆润，而犬科动物的形象则偏向于棱角分明。和猫们那丰满、流畅、柔软，有时悄无声息的动作相比，狗的步态是多么的笨拙、生硬啊！狗会狂风暴雨般地前进，敏捷地改变方向，时而后退，时而前进。而猫的跳跃、行走和奔跑都是缓慢而有节奏的、运筹帷幄的。它的每一个动作都指向明确并且无比和谐。大猫们的步态协调而富有目的性。

我们可以说，猫的动作是由心来控制的，而狗的动作由它们的感官控制，所以它们的活动一直受制于不断变化的感觉。猫和狗基本上都以节奏系统为导向。狗的节奏和呼吸相关，它通过呼气和吸气持续地与世界交流。它的头脑监管着呼吸，引领、呼唤着它，又妨碍着它。它们的腿之所以那么长，是因为呼吸的气流进入腿部，将它们拉长。在奔跑和追逐中，呼吸决定了它们运动的状况。

对于猫来说，是心脏设定了它的节奏并敲击着所有运动旋律的音符，是心脏呼唤着血液。但是，最贪婪的猫也会表现出节制。大猫会杀死猎物，饮血食肉，但是它们会将更多的部分留给其他的食肉动物。随后，鬣狗和秃鹰、豺和野狗会来收拾残局。

温暖的阳光透过干燥的气流照耀在幽深的森林里，荆棘遍布的灌木丛、低矮的草地、沙丘，都是大猫们白天或夜间休憩的地方。它们的外套呈黄色和棕色，分布着条纹和斑点，有些斑点如同由光明与黑暗共同交织的图案。

在夜幕笼罩之下，雾气和湿气升起之时，在洞穴之中和树林深处需要时刻保持清醒，狗的野外近亲们就生活在这里。狐狸和狼很少在黄昏前出现。它们带着恐惧和不安四处巡视。它们聚集成群，在黑暗中奔跑嚎叫，这一点尤其体现在狼身上，狐狸则很少如此。它们的毛很长，但毛色是单一的苍白和灰暗色。它们跟随自己的嗅觉，生活在其他生物释放的湿润气息之中。它们的种类没有猫科动物那么多，但是由于它们喜欢靠近水源，它们的形体在原型框架内保留了高度的适应性和可塑性。

毛与皮

如果我们勾勒的猫科动物与犬科动物的原型是完全正确的,它们应该能帮助我们区分这两个种群。现存的猫科动物和犬科动物都具有这些主要特性的变体,目或亚目内部的差异只是由于它们更为强烈地展示了其中一个特性。所有猫科动物都具有它的家族特征,只是某一个种类会在某一方面发展其中一个特征,或一系列相关的特征。这就是个体的印记。

例如,狮子的特点是雌雄两态。非洲、近东和印度的大部分雄狮都长着威风凛凛的鬣毛。它由那粗壮的颈项周围的一圈毛发组成,这些毛发框住了脸部,甚至一直延伸到背部和腹部。格吉斯伯格(Guggisberg)写道:

> 没有其他猫科动物如狮子一般呈现如此明显的雌雄两态。任何孩子都能很容易地区分雄狮与雌狮;对于老虎、美洲豹和花豹,我们就很难靠肉眼判断它们的雌雄。①

---

① 格吉斯伯格,《狮子》(Simba),20 页。

其他种类的猫科动物身上印着狮子所没有的特殊图案。而狮子的外套是统一的沙土色，没有条纹或斑点。我们能否将这些对立的特征视为一种极性呢？所有大猫和小野猫以及家猫身上的特殊图案有何重要意义呢？老虎的暗色条纹、美洲豹身上的圆圈和斑点，还有花豹身上颜色深深浅浅的斑点又有什么重要意义呢？

所有的小型猫科动物都展示着自己特有的图案。不同颜色和形状的斑点、条纹、圆圈交替组合，雪豹、豹猫、野猫和许多其他猫科动物都带有这样的装饰。

这些图案有何意义呢？诺瓦利斯（Novalis）曾提道：

> 人们走向各种各样的地方。跟随他们的人将看到各种各样奇妙的图案；它们看似属于我们看到的在各种地方都印着的手迹——在翅膀、蛋壳、云彩和雪花上。

那么，在猫族外套上书写的也是同样的"图案"吗？

波特曼（Portman）做了一个恰当的比较。他表明，形态学和生物化学对这种染色的研究若凭借自身不会走得太远，因为这种图案和设计就像一种未知的手迹：

> 现在的问题是这个词语的含义，而这必须通过全新的研究方法来解决。斑纹的含义和它们印在什么物体上没有什么关系。因此，要了解一种动物头上的图案有何含义，斑纹的成分并不重要，但它的布局特点却扮演了重要角色。要回答这个问题，我们必须遵循生物学或基因研究的不同研究途径。①

对于这些研究途径，我们必须一步一步地探索，以理解现存生物的皮肤、脊柱、毛皮、翅膀和羽毛的神秘构造。诺瓦利斯的"伟大手

---

① 波特曼，《动物形象》（*Die Tiergestalt*）第七章。

第十章 人类的伙伴——猫和狗

迹"必须被破译。

我们何不从猫族开始探索，将"鬣毛对图案"这个极性作为起点呢？狮子鬣毛常常比它的外套颜色深，不仅把它的脸部框住，还将它的头部单独分离出来。欧根·科利斯科（Eugen Kolisko）曾挖苦狮子的这个身材："狮子不会在后面完成它在前面许下的承诺。"这完美地诠释了狮子给人的感觉。

没有鬣毛，头部和身体就能构成完美的流线型，鬣毛的构造蕴藏的奥秘转化到了外套的图案和装饰上。在这里，我们发现了一条歌德曾经揭示的规律。他注意到支配着自然的"折中原则"。"我们立刻面对着一个法则，唯有一部分被拿去，才能增添新的部分。"①雄狮那壮观的鬣毛在猫族的其他成员身上以颜色和图案的形式呈现。

皮毛上的斑纹是否揭示了从头部到身体的过渡呢？我们能不能用这种思路来看待长颈鹿身上从长脖颈到长腿上覆盖的棕色多边形斑块呢？斑马长着暗色的条纹是否是因为它有着粗壮的脖颈呢？这个思路能让我们捕捉到生物构造的内在法则吗？

通过观察大猫我们发现，老虎身上的斑纹似乎与肋骨的排列相呼应。黑色的条纹像布条一样环绕在胸部和腹部，一直延续到后腿和尾巴。薮猫和豹猫身上暗色的斑块和圆圈沿着脊柱聚集成条形，延伸到腿部和尾部。云豹和长颈鹿一样，身上均匀地分布着暗色斑块。就这样，我们辨别出了三种形式的斑纹：

1）围绕身体和四肢的环形。例子：老虎、野猫、黑纹灰鬣狗、斑马、霍加皮、紫羚、塔斯马尼亚袋狼，等等。

2）和脊柱与腿骨平行的、纵向排列的斑点和圆圈。例子：薮猫、豹猫、西班牙猞猁、香猫。

3）均匀分布于全身的多边形和圆形斑块。例子：猎豹、雪豹、长颈鹿，等等。（花豹和美洲豹的情况介于第二种和第三种之间。）

通过这种安排方式，也许是通过这种三重体系，我们对于"手迹"的含义有了初步的认识。如果我们假设血液和气息有节奏的流

---

① 《歌德的科学著作》（*Goethes naturwissenschaftliche Schriften*）第一卷。

动设计了这些图案，即使不完全正确，也不至于错得太离谱。吸入和呼出的气息将深深浅浅的环形图案印在老虎和斑马的肢体上。流入和流出心脏的血液将身体和头部连为一体，在身体上画满纵向的斑点。美洲豹和长颈鹿身上的斑块则是毛细血管血液循环在身体表面的外化图像。

所以，血液和呼吸的节奏可能以设计和图案的形式表现在体外，而食肉动物在这方面的进化尤其彻底。对这个问题进一步的研究是未来动物心理学家的任务，因为老虎、花豹和美洲豹的行为也多有不同，与它们身上的神秘符号相应。

那么，为什么狮子拥有鬣毛，却毛色单一呢？为什么鬣毛只是雄狮的标志，而雌狮既没长鬣毛，身上又无花纹装饰呢？在所有的大型猫科动物中，只有狮子毛色单一；若剔除少数例外，它难道不是和犬科动物共同具备这个特征吗？几乎所有的野生犬科动物毛色都是单一的，它们的毛也比猫科动物更长更厚，有些像鬣毛。

这是否暗示了狮子其实在一定程度上与犬科动物相似？但是，的确没有比狮子更像猫的动物了！是否因为在所有的猫科动物中，只有它展示了雄性特征，它才登上"百兽之王"的宝座呢？

看起来，我们观察到的造物趋势符合歌德"自然的折中原则"。当条纹、环形和其他的图案出现在外表时，鬣毛和长毛就缺席了。而长毛和鬣毛具足时，毛色就会单一。

所以，所有的颜色、斑点和斑纹，与短毛一样，在哺乳动物中代表了雌性的特征。相反，长毛、鬣毛、没有图案和装饰的单一毛色则更多地代表了雄性特征。狼的脖颈上有一圈颜色较浅的环状鬣毛，将它的头部和身体其余部位分隔开，这也是雄性的特征。而头部和身体的统一，这两部分的融合则更大程度上是雌性的特征。

那么，我们可以下一个初步的结论：猫科动物的身体特征是偏向雌性的，而犬科动物的身体则体现出更多雄性特点。只有雄狮不受这个规律限制，成为雌性化动物中的雄性成员。它的鬣毛为我们提供了研究食肉动物形态学的钥匙。

雄性化的犬科动物和雌性化的猫科动物

有了这些想法，我们就发现了猫科动物和犬科动物的另一个重要特征：犬科动物身上的颜色简单晦暗，猫科动物身上的颜色明艳鲜活——除了狮子。现在我们必须试着将第二部分提到的特点与这一特质联系起来。

大型和小型猫科动物那更加圆润、独立的形态蕴藏着强大的攻击力量。老虎、美洲豹和黑豹都极难驯化；小型猫科动物也颇具野性和攻击性，热衷于捕猎。然而，狮子，尤其是雄狮，却整天没精打采，慢慢悠悠，时常表现出一种冷淡的傲慢。

犬科动物侵略性也不是很强。狐狸、豺和狼都不是天生的攻击者。它们只取走足够的猎物，就不再贪求更多。克里斯莱尔（Crislers）对他们与年轻的阿拉斯加狼一起生活的经历的描述充满了对这些动物的深入理解。① 倘若一匹狼学会了信任你，它会表现出超凡的魅力、同情和依恋。它们有时也会突然爆发出野性，但是不像猫科动物的野性那么普遍和持久。

---

① 克里斯莱尔，《我们与狼共鸣》(*Wir heulten mit den Wölfen*)。

于是，我们可以说，某种动物的皮毛图案和它的行为特征存在对应之处。野性十足、攻击性强的猫科动物长着色彩丰富、生动鲜活的皮毛。而天性更加平和的犬科动物外表则更加单一。唯一长着斑点的野生犬科动物是具有高度攻击性的掠食动物鬣狗。于是，我们可以认为，对食肉动物来说，内在攻击性的指数体现在它们皮毛的颜色和斑纹上。

说起某些鸟类，苏产特克（Suchantke）指出了类似的现象。[①]某种鸟类羽毛上的斑纹和颜色与它的习惯和性情有着明显的联系。鸟儿的羽毛色彩越简单，它养育幼雏的本领就越出众。

然而，当我们回到犬科动物和猫科动物的形态学一般准则，我们很难找到它们身体构造和性格之间的联系。猫科动物圆润和独立的形态本应该代表更加温和的性格。而狼和狐狸那棱角分明的形态，更长的嘴巴、更多的牙齿和更快的速度本应意味着对猎物的凶残和贪婪。这难道不是矛盾吗？抑或是，形态和结构的意义与颜色和斑纹的意义恰好相反？我们平时的语言习惯也反映了这个问题。我们常常用"他"来代指狗，用"她"代指猫。在这里，语言的智慧表达出了我们在接近无意识状态下认定的事实。我们不由自主地感到猫像雌性，狗像雄性。于是，我们可以自然地谈论猫科动物更为圆润、偏雌性化的形态和犬科动物更有棱角和偏雄性化的形态。然而，这和它们的行为举止完全背道而驰。

这个矛盾一直悬而未解，直到我们考虑了鲁道夫·施泰纳对人类性别所做的评论。在一篇关于"从人智学的角度看男人和女人"的演讲中，他指出了20世纪初期性别描述的矛盾之处。有些人发现女性的本质是易怒，另一些人则将谦逊看作是女性的主要特质。然而：

> 有一些研究者……总结说女性的本性可以用"奉献"这个词完美地描述；有些人则喜欢用"控制欲"来描述；有些人用"保守主义"；还有些人发现，女性是世界真正的创新因素。

[①] 苏产特克，《答："鸟儿华丽的衣服表达了什么？"》（A. 'Was spricht sich in den Prachtkleidern der Vögel aus?'，《他们仨》（Die Drei），1964年第四期。

第十章 人类的伙伴——猫和狗

这里的矛盾和我们在研究狗和猫时遇到的矛盾相似。鲁道夫·施泰纳接受了这些矛盾，向我们展示了它们的合理性，我们只需要学会看穿它们。

狗向我们展示了雄性化的身体，但它的天性中植入了雌性化的因素，正是这些因素塑造了整个犬科动物家族的性情。这些动物谦逊平和，对主人忠心耿耿、唯命是从。而雄性化的肉体则使它们成为合格的战士和护卫。狼的"肉体"特质更为显著，聪明狡猾的狐狸也是如此。而豺，尤其是家犬，它们的雌性内在特质表现得更加明显。

我们再来看看猫，它们进化出了更加雌性化的肉体。它们的外表柔软，喜欢清洁自己的身体，还表现出许多其他我们称作"雌性化"的特点。然而，在这背后隐藏着雄性化的因素。这些因素将猫的皮毛图案设计得醒目大胆，引发了它的野性和嗜肉性，贪婪和攻击性。

鲁道夫·施泰纳进一步描述道：

> 女性拥有内在的男性特质，男性则拥有内在的女性特质。所以，当男人通过外在的身体属性成为战士（因为这种外在的勇气与他的外在身体结构相关），女性则拥有内在的勇气，即自我牺牲的能力。

这些正是狗的特质，而猫好斗的行为则源自她雄性化的内在。

"当男人变得多产，"鲁道夫·施泰纳继续道，"他就会走进周围的世界。女人则在世界中扮演被动付出的角色。"

我们可以补充说，女性身体表现出的被动付出在犬科动物中，通过内在呈现。同样，男性身体的外在活动在猫族中表现为依托内在的一触即发的能力。

沿着这条观察道路再进一步，我们就发现了人类和食肉动物之间最根本的差异。在人类世界中，性别差异将男人和女人分成截然不同的两个种群；在犬科动物和猫科动物的王国，差异不只出现在雄性和雌性之间，还渗透到了整个动物王国的族群中。所有的犬科动物，不论雄雌，几乎都表现出了雄性特征。类似的，除狮子以外的猫科动物都展示出女性的特质。

人类，只有人类的两性在身体结构和性情方面差异甚大，我们几乎可以称他们为两种不同的物种。男人比任何雄性动物都具有更多雄性特征；而女人，虽然有千万种样子，但比任何雌性动物都更具雌性特征。

动物并非如此。虽然许多鸟类在颜色、斑纹和行为方面表现出很明显的性别差异，但和人类相比，这些差异就是小巫见大巫了。在差异存在的地方，例如，在昆虫世界（我们只需要想想雄蜂和蜂王或者巨型雌白蚁，还有雄蜘蛛和雌蜘蛛之间的差别），这已经不是真正的两性异形了，而是一种分工：雄蜂承担繁殖的任务，而蜂王则有产卵的职责。

确定了这一点之后，我们现在就可以开始探寻狗和猫的极性了。男人和女人的身体形象出现在它们的体内。狗是男人的镜像，猫是女人的镜像。这就是为何这两种动物在与人类的关系中占据特殊的位置。

巴勒斯坦有一个民间传说：

> 很久以前，世界刚刚诞生，每一种动物都被分配了一项任务。狗和猫一个很忠诚，一个很干净，于是都不用干粗活，被写在一份特许证上。狗照管特许证，把它和自己的骨头埋在一起。这种特权引起了马、驴和牛的嫉妒，它们于是诱惑老鼠，让它打洞毁掉这个证书。对于这份文件的丢失，狗负有重大责任，因为粗心大意，它被主人拎起来，猫也永远不能原谅它。①

许多其他的有关猫和狗的童话和传说都用同样的方式指向这个意思。

猫、狗和人体组织

回到本章第二部分，重新审视狗和猫之间的形态差异，我们现在就能将其和男女之间的差异联系起来。

---

① 阿什（Ash），《犬，它们的历史和演变》（*Dogs, Their History and Development*）。

我们说过，狗的四肢和感官比猫的发达，而猫的神经和新陈代谢系统则更加强大。我们还发现狗的生存离不开呼吸，而猫的生存更依赖于血液循环和心跳。我们可以这样概括这些差异：

狗	猫
感觉器官	神经系统
肺部和呼吸	心脏和血液循环
四肢	新陈代谢

自1917年以来，鲁道夫·施泰纳就不停地从全新的角度描述人体组织结构，那些对此有见地的人会立刻发现这种结构反映在上述系统当中。在这里，我们看到了对这种原则的双重诠释，在狗的体内，感觉系统、呼吸和四肢发育是重点，反映了这个群体的"雄性"特征。男人不是普遍比女人长得高吗？男人拥有更长、更健壮的四肢，并且以呼吸为中心。他们的胸部和肩膀更宽大，呼吸更深入。

女人的身体组织和猫一样，以新陈代谢为中心。和这方面相关的是月经期、怀孕的能力以及用充足的营养孕育胚胎。另外，女人在怀孕期间，整个循环系统都会改变，心脏机能大大地增强了。男人通过感官积极地进入周围的世界，而女人通过"被动付出"与外界互动。她们可以通过强大的神经系统做到这一点。

现在，我们已经更加清楚，狗的身体呈现出雄性特征，而在性情上却带有雌性的印记。相反，猫的身体是雌性机体的镜像，它的行为却反映了雄性特征。人类的情况与之恰好相反。

任何人只要认真思考了这些问题，并且运用了自己天生的判断力，都能很快理解狗和猫的特殊情况。它们代表了万物都具有的两极性——雄性和雌性。不论生在何处、长相如何，万物都同时带有两性的特征：雄性化的狗展示出雌性化的付出精神，雌性化的猫具有攻击和征服的雄性乐趣。这就是为何巴比伦世界的维纳斯——伊什塔尔兼具女性和男性的性格特征。作为长庚星，她是爱与奉献之神；作为启明星，她表现出年轻的男性力量。在亚述人的描绘中，她长着男人的胡须，像战神阿舒尔那样表现出雄狮般的天性。①

这就使我们想到"百兽之王"的天性。其他的猫科动物，不论体型大小，只在凶猛的攻击中表现出雄性力量，而狮子的身体结构就体现出了雄性特征。鬣毛的存在是为了使威严的狮子有众所周知的百兽之王的样子。在所有猫科动物中，只有狮子长着雄性化的身体，虽然它也属于雌性化的种群。它以这种方式展示了自己的双重天性。

这在古埃及崇拜中有另一层面的表述：有两位女神，她们都长着人身和狮头。"强大"的塞赫美特在孟斐斯备受尊崇。"她是战神，会如法老的神圣毒蛇一般喷火。"②与之相对的是贝斯特女神，她是温柔和善的。她手中握着舞者的叉铃，胳膊上挎着篮子。埃及人感到她们是合二为一的。他们常常形容一个人如贝斯特一般和善，如塞赫美特一般可怖。他们通过这种方式说明塞赫美特代表了雄性特征，而贝斯特反映了雌性本质。

另一方面，埃及那些长着狗头和豺头的诸神则是男性化的。它们是死神（阿努比斯）或者形象现身于战争前线的诸神。他们手持棍棒与弓箭。他们的头更像狼头。③阿努比斯长着狗头，为死者服务，他将死后的人引领到阴间。这个形象是为了褒奖狗的忠诚和奉献精神。

这些神话形象揭示了狗和猫携带的公开秘密：它们的雄性和雌性身体结构，使它们自原始社会就成为人类的伙伴。

狗和猫的起源

有关食肉动物的起源学以及古生物学理论依然是一团迷雾。我们只知道它们最早的遗迹来自第三纪早期，这意味着，食肉动物和其他大部分哺乳动物一样，在地球历史中出现的时间较晚。

人类的肉体也在这个时期开始塑造成形。语言开始形成，记忆力

---

① 施瓦贝（Schwabe），《原型和十二生肖》(Archetyp und Tierkreis)，95页。
② 埃尔曼（Erman），《埃及人的宗教》(Die Religion der Ägypter)，33页。
③ 埃尔曼，《埃及人的宗教》，42页。

发展了起来。①几乎在同时，人类体内首次出现了身体方面的性别差异。于是，两极性从人类进化中投射出来，出现在类犬动物和类猫动物身上。

我们很难想象最初的食肉动物的身体构造是怎样的，但是我们可以认为，它们的身体依然类似于人类，而非它们后来的样子。也许埃及阿努比斯和塞赫美特的雕像比现代古生物学对早期动物形态的描述更接近真相。

无论如何，我们必须假设男人和女人的不同"模型"从人类体内产生，成为类犬动物和类猫动物。老虎和豹子、狼和狐狸都是男性或女性身体基本形态的变体。

我们现在将狼作为狗的真正始祖，而它们的驯化发生在古代波斯文化时期。

然而，家猫被认为起源于努比亚野猫，而非欧洲野猫。第一只家猫的遗骸出自古埃及时期。在欧洲史前时期，比如前铁器时代和干栏巢居时代，没有发现猫的任何骨骼遗骸。然而，在埃及，猫被神化了。它们被制作成木乃伊，埋在巨大的猫公墓里，每一座城市都有猫公墓。这是希罗多德记录的。直到更晚的时候，家猫才进入罗马和希腊，逐渐取代了此前被当作类猫动物家养的黄鼠狼和臭猫。

---

① 施泰纳，《宇宙记忆》，1911 年 8 月 26 日的演讲。

第十一章 马兄弟

介 绍

今天，人与动物的进化在同一棵家族树上紧密相连这一观点已经被大众普遍接受。不论研究何种物种或动物家族，我们在探寻它的源头时，都需要想象一条很久以前从更大分支分离出来、进入特殊发展阶段的小分支。我们构想中的家族树上更大的那些分支大部分还不为我们所知，为了忠实于家族树的概念，我们需要假设它们存在。至于树干，它早已消失在模糊概念的迷雾中。

现代古生物学和地质学为我们留下了无数"树枝"和"小枝条"，这些被描绘成"树叶"和"花朵"，即现存和已灭绝的物种。成千上万

第十一章 马兄弟

不同的形态现在已经为我们所知和描述。它们可以被聚集到不同的纲、亚纲和种群，这又形成了宏大而有趣的动物学体系。然而，只要你试图将这些结果往前追溯，寻找更原始的形态——它们的初始"主枝"与"分支"，你就只能遇到模糊的假设和未被验证的猜测。我确信在未来，动物的正确组合只能围绕洛伦茨·奥肯（Lorenz Oken）的基本构想才有可能完成。这位伟大的博物学家曾这样表达他的观点：

> 我们终有一天会发现，整个动物王国只是人类单一活动或器官的展示，除了人类分成的碎片，别无他物。[1]

如果你深入思考这个观点，并且开始验证它的价值，你会很快发现它所带来的启发和帮助。目前为止看起来毫无意义以及偶然的东西立刻有了意义，变得可以理解。[2]

我们看不到家族树，但能看到不同形态组成的种群，可以同更大或更小的种群联系起来。单独的群体则展示出了类似的倾向。例如，澳大利亚的哺乳动物虽然比地球上其他哺乳动物更加孤立，却都进化出了相似的形态。理查德·赫特维希（Richard Hertwig）更清晰地描述了这个现象。他说：

> 有袋类动物在目前的分布区域，适应了类似的生存条件，与这个星球上其他的胎盘哺乳动物经历了相似的发展过程，所以，这个完整的平行种群可以被列入共同的哺乳动物之下的目（食肉动物、啮齿动物、食虫动物、有蹄类动物）。[3]

实际上，澳大利亚的生存条件与地球其他地区并不相似，而且有袋类动物并不需要"适应"它们的环境。它们从一开始就适应这个环境，不过发展出了不同的形态，比如掠食有袋类动物、啮齿有袋类动物以及有蹄有袋类动物。这些种群与其他地区的三种形态经历了平行的进化。发展出的三个种群的哺乳动物都有各自内在的构造趋势：神

---

[1] 奥肯，《自然哲学教科书》（Lehrbuch der Naturphilosophie）。
[2] 参见庖佩尔鲍姆，《动物学》（Tierwesenskunde）。
[3] 理查德·赫特维希，《动物学教科书》（Lehrbuch der Zoologie），616 页。

经-感觉系统（啮齿动物），特别是节奏系统（食肉动物），或者动物的新陈代谢—肢体系统（有蹄类哺乳动物）。在这里，三元人类是原型"树干"，这三个哺乳动物种群正是从这个树干开始逐渐展现的。

如果我们能更经常地用"展现"代替"发展"，会非常好。这个词更接近进化的过程，而且能帮助我们逐渐摆脱达尔文学说和孟德尔遗传学说的狭隘概念。一棵所有动物围绕其主干发展的、单一的家族树是不存在的。地球的每个时代都创造了自己的形态种群，其中，原型的"人类"是形态的趋势。

所有大的形态族群，比如鱼、节肢动物、棘皮动物、哺乳动物等，都具有与它们有关的诸多更小的种群，它们内部都有一个原型形象。这就是为什么澳大利亚的有袋类动物展现出和其他大陆的哺乳动物相似的特点。它们形成了有蹄类、啮齿类和食肉动物种群，每一个种群都表现出类似的展现趋势。

所以，在食肉动物内部，有一个群体选择了生活在水中，那就是海豹。类似的群体是有蹄哺乳动物（有蹄类动物）。海豚和鲸类成为水生哺乳动物。在啮齿动物种群中，河狸表明了水生的特征。

这些展现的方式与适应无关，它们只是表现出每一个形态群体都代表了一个遵循相似构造趋势的独立统一体。海豹、海豚和鲸类、河狸，它们都是更高分类下面的水生成员。

就连鸟类也把一些分支完全分配到海洋里生活：在南极，我们发现了企鹅；在北极，大海雀一直存活到19世纪。在地球的两极，两种完全不同的种群长成了相似的形态。

整个动物王国的所有形态都是在不断重复这个展现的意愿。在它之后隐藏着一个包罗万象的法则，这条法则就是人类自身。人类不是世界的王，而是核心。

不论在小的还是大的形态群体中，这种核心所表现的是一个特定的物种试图通过尽量接近族群最想表达的形态来接近完美。所有其他的物种和家族都通过围绕这个核心形象的变形找到自己的定位。在过去，直觉的影响力比较大，人们凭借直觉称这种完美的形态为"王"。它们称狮子为百兽之王，称鹰为鸟王。即便今天，最大、最绚丽的企鹅都

第十一章 马兄弟

被称作王企鹅。而在犬科动物中，狼最接近原型，有谁会提出异议呢？

当然，我们不能继续坚持以感觉为基础的概念，太多的同情和厌恶的感觉会遮蔽事实的真相。不过，如果我们想接近自然界中活跃的形态发展趋势，我们必须开始学会在新的范畴中思考。

有蹄类动物或草场动物

马是有蹄类动物的特殊成员。有蹄类动物又隶属于更大的胎盘类哺乳动物群体，也就是说，这些动物在母体组织内通过胎盘发育长大。

根据理查德·欧文（Richard Owen）的奇思妙想，有蹄类动物本身被分为两个亚目：一个包括那些每只脚上长着奇数脚趾的动物（奇蹄动物），另一个则包括那些长着偶数脚趾的动物（偶蹄动物）。[①]奇蹄动物在它们的种群和家族中拥有更小、更有限的群体。除了马，它还包括貘和犀牛。马家族本身则包括了驴和斑马。

另一个亚目，偶蹄动物种类就丰富无比了。其中，有两大群体最重要：反刍动物和非反刍动物。后者包括河马与猪的大家族。反刍动物包括一些与我们接近、为我们熟知的群体，它们塑造了我们童年以来对动物王国的憧憬画面。这里有奶牛和骆驼，美洲驼和长颈鹿，野牛和水牛，绵羊、山羊和羱羊；这里有敏捷的羚羊，鹿、驯鹿和麋鹿；还有数不清的其他种类。我们在童年时代和它们紧密地连接在一起，它们是我们心灵的亲密伙伴。

所有的有蹄类哺乳动物，包括偶蹄动物和奇蹄动物，有许多共性。它们不会非常巨大，也不会异常瘦小。更确切地说，它们的千变万化都介于笨重和优雅之间，从丑陋的犀牛与河马，到野牛、奶牛和骆驼，再到鹿和羚羊。这个范围生动地展示了有蹄类动物那由皮毛和肌肉系统所决定的变化可能性。犀牛的身体覆盖着厚厚的角质，像铠甲一样包裹着它，粗壮的腿如圆柱般支撑着它硕大的身体——这是一个极端。

[①] 今天，象、海牛、土豚和非洲蹄兔也被归为有蹄类动物，但在这一奇特多样的动物群中，奇蹄动物和偶蹄动物代表两个截然不同的部分。

另一个极端以优雅精致的羚羊为代表，它们那纤细敏捷的四肢带动娇小的身体轻快地跃过草原。

只有长颈鹿伸长脖颈能够得到树顶，打破了草场动物的大小规则。大部分其他的属和种都保持与人类一样的大小，一般不会超过人类。另外，就算是高大的长颈鹿，它的身躯也相对较小，只有脖子和四肢被拉长了。在这里，起作用的因素只有笨重与优雅。

另一个关键的特点可能更加令人感到震惊，因为它表现在有机结构的新形态里：脚底是蹄子的形态，头上则长着各种各样的骨头和角的附加物。雄性（主要是雄性）长角，四肢末端长着坚硬的蹄子，是草场动物最奇怪的器官构造特点。

我们必须认识到这两种构造在形态上是互相归属的关系：往上，是头部的构造过程；往下，是蹄子的构造过程。以用途来看待它们会把我们引上错误的道路，因为角不能被视作生存战斗的武器，蹄子也不能被视作轻快移动的法宝。如果一只动物用蹄子把另一只动物踢伤，或者用角攻击敌人，这种行为会让我想起一个著名的传说，就是路德向魔鬼扔墨水瓶的故事。小小的墨水瓶可以被称作武器，但小小的角怎么能当作攻击或防御的武器呢？

角远远无法胜任任何工具的角色。它们只是从皮肤（牛羊角）或者骨骼（鹿角）中冒出的构造，因为无法完全在里面和下面展现，所以往上、往外发展了。包裹着蹄子的脚则相当于被封住了。然而，向上看，一种新的器官正展现着千变万化的美丽。

蹄子和头部的构造过程是互相决定的。在我们比较奇蹄动物和偶蹄动物时，就能发现这一特点——偶蹄动物的角也是成对生长的。这些发展为双向对称器官。相反，作为奇蹄动物，犀牛只在面部中间长了一只角。即便有两只角，它们也都位于鼻子的中线，而非相邻的位置。这说明"奇蹄"在角的构造上也适用，就像"偶蹄"也表现在对称的角上。

我们现在发现了另一个决定有蹄类哺乳动物形态的基本原则。笨重或优雅决定了它们的身体形态，而这个形态就存在于头部附属物和蹄子之间的张力区域。两个形态趋势相互作用，一个塑造了身体的外在形态，另一个在上面打开，在下面封口。

第十一章 马兄弟

决定了这种动物外在形态的力量与毛发构造、热量的制造与储存都有着紧密联系。所有的有蹄类哺乳动物都是温血动物。塑造体形的力量植根于血液和毛发。

这个趋势使得蹄子和角从皮肤和骨骼中长出。钙和二氧化硅在这里发生作用，塑造了头部各式各样的形态。

角给头部增加了一些重量——我们只需要想一想水牛和野牛、公角马和羚羊。只有当巨大的牛羊角变弯的时候（条纹羚、羚羊、岩羚羊、羱羊），这种放松的形态才接近鹿角的样子。鹿角把头部变高变大了。它们如同感觉器官，通过感觉探知周围的世界。钙形成了牛羊角，而二氧化硅则决定了鹿角的形态。①

牛羊角保留的蹄子般的样子在鹿角里被消除了。庖佩尔鲍姆这样描绘这种特征：

> 骨骼慢慢从牛羊角中往外面的世界推挤一点点。然而，当外面的套壳死去，角把自己封闭起来，并且封住了头部构造的力量……另一方面，鹿角动物继续把头部向外界敞开。所以，它们的性情更活泼、更清醒，也更神经质，它们的眼睛里有更多的内容，它们的动作也更加优雅。②

只有一个种群逃过了一般的规则，就是我们描述过的马。它们拥有最健壮完美的蹄子，它们前额也没有突出的角。

若说猪、河马和貘也不长角，是很容易反驳的。因为它们发展出了一种口鼻部，在鼻部的发育上填补了本应发展为角的前额骨。另外，猪与河马常常长出大长牙，在嘴巴里填充了头部缺失的东西。

和近亲驴子与斑马一样，马将头部提升到身体上方，张大鼻孔，用感官和嗅觉感知世界，不会被角所累。这使得马在有蹄类动物界占有特殊的位置。

---

① 参见格奥尔格·里特尔（Georg Ritter），《角与鹿角》（*Horn und Geweih*），源自《1935年复活节—1936年复活节日历》（*Kalender Ostern 1935–Ostern 1936*）"天文部分"（*Mathematisch-Astronomische Sektion*），多纳赫（Dornach），1935年。
② 庖佩尔鲍姆，《动物学》，104页。

马与有蹄类动物

我们已经提到,奇蹄动物这个家族比偶蹄动物家族的规模要小得多。不过,这一目包括了众多今天已经灭绝的物种。

> 地球的历史揭露了……(奇蹄动物)的鼎盛时期已经过去了。特洛萨特(Trouessart)数出了131个属和亚属的化石,包含517个种和亚种,只有8个依然存活的属与亚属,包括36个种和亚种。[①]

而另一方面,偶蹄动物这个族群却依然在发展壮大,在除了澳大利亚和南极洲的所有大陆都分布着为数众多的属种。

因此,马就如同从地球的历史长河中直接投射到现在似的,而且成为人类的亲密伙伴。或者说,马从一开始就是人类的兄弟?

从古生物学发展角度,很少有动物的属能像马这样让我们获得清晰的认识。它的早期发展史几乎可以完全从在美洲找到的遗骸获知。最早的形态出自第三纪的第一个时代,这时候马以始祖马的形态出现,在此期间展现为山马和后马。马的这三个祖先在体格上与现代马近似,但是它们体型更小——始祖马和山马大概和家猫一样大。另外,它们的脚也尚未呈现出对中趾的青睐,第二趾和第四趾依然明显存在;它们的牙齿没有今天的马牙齿那么特殊。

我们可以想象,最初,像马的这种小生物是小巧灵活的。这个领域的专家阿贝尔(Abel)如此写道:

> 最古老的马并不生活在草原上。它们属于小型动物,外表应该更接近于智利普度鹿或者爪哇鼷鹿,而非现代马的缩小版。

鼷鹿和普度鹿属于现存最小的有蹄类哺乳动物。它们的身高不超过20厘米至30厘米,包括尾巴的长度在40厘米至50厘米之间。鼷

[①] 布雷姆,《哺乳动物》第三卷,599页。

第十一章 马兄弟

鹿是一种麝香鹿或者矮麝香鹿，普度鹿才是真正的鹿。阿贝尔继续说："马修曾指出，最古老的马可能栖息在灌木丛中……主要吃柔软的树叶和多汁的草本植物。"①

随后是它们继续展现的过程。历经渐新世、中新世和上新世，经过整个第三纪时代，马的祖先越长越大。渐新马、草原古马和上新马逐渐成形，最后一种几乎与现在的马一样大。同时，它们的侧趾萎缩和消失了，前脚和后脚都只留下了中趾承载日渐丰硕的强壮身体；齿系逐渐统一，犬牙萎缩了，前臼齿转化成臼齿。下图明显地展示了马的某些种类头部大小和形态的变化。

在众多发现中，我们能看到更多的细节，不过我们在此不再全面展开。不过，有一个事实非常重要：上新马刚一出现，就在美洲大陆灭绝了。在更新世地层中，马不再被发现，"直到它们重新被人类结识"②。

动物学家和古生物学者对美洲的早期马突然消失感到十分震惊。有些人猜测有一种流行病几乎毁灭了那里所有的马种，只有一些小的种群通过阿拉斯加和阿留申大陆桥来到堪察加和东亚才逃过一劫。

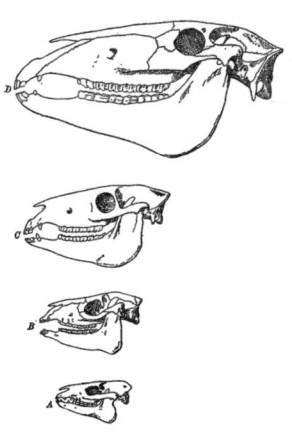

四个马祖先的头骨，以相同比例缩小
A. 始祖马；B. 渐新马；C. 原马；D. 真马（近代）
（摘自阿贝尔，《古生物学与部落历史》，图 148）

---

① 阿贝尔，《古生物学与部落历史》（*Paläobiologie und Stammesgeschichte*），288 页。
② 扬（Young），《脊椎动物的生活》（*The Life of Vertebrates*），695 页。

实际上，直到 16 和 17 世纪，在重新发现北美和南美洲之后，欧洲人才又把马带到这里。当时，美洲原住民和阿兹特克人都未曾见过这种动物。然而，马和有蹄类动物的起源地却是美洲大陆。

在欧洲和亚洲，从冰川时代幸存下来的马在全新的环境下演化为今天的马。就是在这个时候，它们才成为生活在大草原上的动物。

对于它们的分布，阿贝尔这样写道：

> 今天，马都生活在寒冷、干燥的中亚高地。还有在非洲马赛伊草原，斑马形成庞大的族群，或者说它们过去一直如此。不过，在欧洲冰川时期，我们不仅找到了与亚洲高原马类似的马种，证明了欧洲更新世草原马的存在，还发现了生活在森林或苔原的马，这一点我们可以从地质学条件和伴生动物群的特点推断出来。①

虽然我们只是简单地介绍了这些现象，我们已经能够初步勾勒出马的展现画面了。最初，它们是不起眼的小型哺乳动物，栖息在厚密的灌木丛中；随后它们越长越大，直到长成了现代马的形态和身高。

与此同时，所有其他哺乳动物也开始展现，尤其是有蹄类草原动物。与马一同进化的有貘和猪，长颈鹿和犀牛逐渐成形，水牛和野牛、绵羊和山羊、羚羊和赤鹿也进化出来。非反刍动物最早可追溯到远古时代早期：猪、河马和鹿豚的小种群。后来，在渐新世，出现了胼足亚目，比如美洲驼、骆驼和单峰驼。与此同时，矮麝香鹿（我们已经提到了小鼷鹿）出现了。然后，从中新世开始，所有的反刍动物开始进化旅程。②

现在，我们可以看到无数种形态和种类。所有这些都属于有蹄类哺乳动物，但是它们也长着角，而且它们有一个特点我们还未提到，这个特点深深地影响了它们的性情和生存：它们主要以植物为食，已经逐渐成为属于树林和草原的生物。与它们同时出现的掠食动物是真正的猎手，而有蹄类动物则在草原上吃草。它们啃食着茂密的森林，

---

① 阿贝尔，《古生物学与部落历史》，291 页。
② 此处与扬《脊椎动物的生活》中的信息相符。

第十一章 马兄弟

使植被不再如此厚重。通过它们的生活方式，充满迷雾的世界开始被阳光普照。有蹄类哺乳动物的出现清除了厚重的气氛，并且带来了对抗植物迅速繁殖的消化、分解的力量。

有蹄类动物在大地上漫步，它们在为后来的农民做准备。所以，也难怪奶牛、绵羊、山羊和猪同人类生存在了一起，因为正是它们准备好了可供后来的农民耕作、播种和收获的土壤。

那么，马在这个故事中处于什么位置呢？它们是否历经了这个故事却未受影响呢？它们是否也属于最古老的有蹄类动物，能够追溯到远古时代初期？它们没有长角，只坚守在中间的展现道路上，于是其他动物就能偏离到其他的方向，完成它们特定的任务。

在整个远古时代，马进化成了王者。它的演化方向是只用前肢和后肢的中趾接触地面，达到重力和悬浮的完美平衡。

就像人类是万物的尺度，马可以被称作所有有蹄类动物的尺度。它专注地展现自己在尘世间的任务：载人和拉车。马向着人类进化：所有的有蹄类动物都为大地服务。马通过这种方式成为我们的兄弟，而有蹄类哺乳动物则是我们的近亲或远亲。

蹄子和四肢

没有任何其他有蹄类动物的蹄子像马科动物的蹄子那样完美。马、斑马和驴子将这些末端器官进化到如此完美的程度，让人不禁忘记了它们的来源。

所有的蹄子都是在手指甲和脚指甲的基础上演变而来的。在大多数偶蹄动物身上，这一点依然非常明显，因为角质的部分通常只覆盖脚的前端。相反，马的蹄子几乎在最大的中趾外围形成了封闭的环形。这个器官的解剖结构非常复杂。这样的构造是为了保证它同时具备坚固、弹性和持续更新的能力。蹄子并非由一个简单的平板组成，而是由许多角质小管黏合而成，这样就保证了稳定性和弹性。蹄子中间是最后的趾骨，即"蹄骨"，被一种由软骨、脂肪和连接组织组成的叫作

"蹄楔"的物质环绕着，这种物质起到了缓冲的作用。在角质化蹄子的外环，蹄楔组成了弹性层，接受来自蹄骨的压力，将它传送到蹄子的内壁。在蹄子的下表面，蹄楔被脚底的角质和皮革覆盖和保护着，避免了直接接触地面。

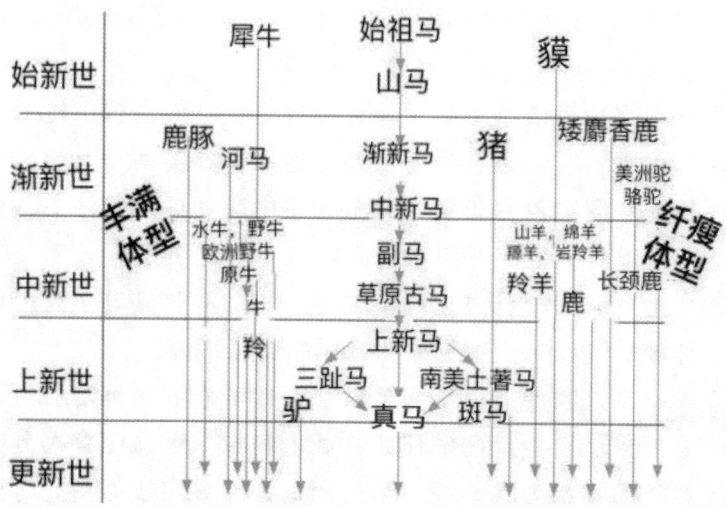

蹄子是一种关节。脚趾骨是关节头，蹄子本体是窝，蹄楔是轴承（关节腔）。然而，所有的关节都是极端敏感的器官。它们真的应该被描述为敏感器官，触觉、生命和自运动的感觉在其中共同作用，为身体的位置和姿势提供了持续而微弱的意识。蹄子是下意识的感觉器官，使得马能感觉地面，每一次与地面的撞击都能使它获得敏感的经验。马对任何蹄子疾病或者安置方式糟糕的马蹄铁都非常敏感！曾经，任何蹄铁工都熟知此事。所以，蹄子并非像我们以为的那样只是马的保护器官，它更像是一种感觉器官，相当于一种精心设计的千里眼或顺风耳。在马身上，这种器官看起来进化得十分完美。

当我们思考这个事实时，问题自然就出现了：马为何会发生这样的进化？所有有蹄类动物都长着蹄子这个器官，为何偏偏马科动物的蹄子如此特别呢？从我们已经了解的这些事实中能推断出这个问题的答案吗？我真的想问一句：为何有蹄类动物长着蹄子？

让我们再次回到马的进化史，回顾四肢的进化过程（可参见后面的图表）。从渐新马到上新马，它们的前肢发展阶段都呈现在这里了。

第十一章 马兄弟

它们说明了什么？首先，我们可以看出中趾骨变长、增大的过程。从一种马到另一种马，这块骨头的大小比例逐渐增加。然后，与此同时，我们还可以看到脚趾开始离开地面往上生长，慢慢拉长。趾骨与跖骨之间的角度开始展开，逐渐增大。这意味着脚步从水平的姿态变成越来越垂直的姿态。有充足的证据显示，马的脚部经历了逐渐变得竖直的过程。我们可以看到，由于中趾伸出，第四根脚趾如何逐渐被带离地面，而且由于它失去地面的支撑，逐渐退化了。

鲁道夫·施泰纳常常谈论起人类经历的直立的力量使他们拥有竖直的姿态。同样的力量——在较小的程度上，以变化了的方式——在动物王国也起作用。在有蹄类动物身上，尤其是马身上，这种力量就隐藏在四肢的进化中。我们由此能得出什么结论呢？

在远古时期，所有有蹄类哺乳动物都经历了一个直立的过程，和穿透与构成人类的过程不同，但与之相似。有蹄类动物经历的直立力量的作用在于拉伸它们的腿部，使它们靠脚趾站起来，随后身体就对抗地心引力抬升了一些。

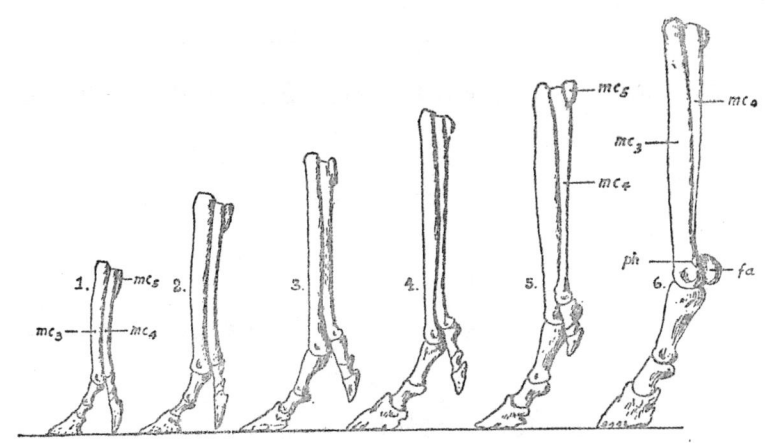

自第三纪以来马的六种北美祖先的左前脚骨头的侧面图
（摘自阿贝尔，《古生物学与部落历史》）

1. 渐新马；2. 中新马；3. 副马；4. 原草原古马；5. 草原三趾马；6. 上新马
（mc_3、mc_4 和 mc_5 指的是第三根、第四根和第五根中趾骨）

小孩子在被问到多大了时，会踮起脚尖，举起胳膊，这就是有蹄类哺乳动物曾经做过的事。它们通过伸长四肢，对抗着地心引力。一些动物甚至想模仿人类，尝试竖直脊柱，但如同熊和袋鼠所表现的，它们的尝试结果是令人遗憾的。

所以，并不是适应的过程导致马的脚趾有了独特的进化。那么，这种生物是如何通过一根脚趾而非五根在"生存战斗"中获得更大的成功呢？毕竟，偶蹄动物已经很好地存活了上千年，虽然它们选择了用两根脚趾而非一根来行走和跳跃。而四趾和五趾动物移动的速度和一趾与两趾动物一样快。这里并没有任何适应的过程发生！

有蹄类动物所经历的应该是直立的过程。马拥有勇气和耐力只用中趾站立，并在这个姿势下保持平衡。偶蹄类动物更愿意选择一种更安全的平衡状态，用第三根和第四根脚趾保持平衡。

单趾有蹄类动物和偶蹄动物都拥有蹄子，因为穿透四肢的直立的力量需要什么东西来抵消。这种强大的向上趋势在下面被终止，逐渐堆积的角质构造创造了蹄子。这是动物形态世界中罕见的例子。

这种拉伸和直立的过程不仅作用于四肢，同样的过程穿透了动物的全身，还作用在头部——前额和鼻区，导致了角的形成。它就像小孩子向上伸长的手臂。有蹄类动物用脚趾站立，改变了对重力的反应，于是进入了环绕地球的轻浮领域。它们"嗅到"了这个新领域，用脚趾站立的动物们现在进入了一个轻便的空间。在这个轻便的空间也形成了它的独特器官：角。

只有马、驴子和斑马不具备这种器官。它们的蹄子已经进化得十分完美，在重力领域用尽了构造力量，所以在向上进化方面没有多余的力气了。

然而，不是所有的长角动物都将头高高地举到更轻的领域：角马和野牛、水牛和许多绵羊倾向于让角离地面近一点。只有长着鹿角的生物才将这种提升和炫耀的过程演绎得完美无瑕。重力的反作用力可以被称作"浮力"，已经掌控了它们的骨骼，带来了提升的构造。每年，鹿角都会脱落、更新，每次都会呈现出更美丽、更有力量的构造。美

第十一章 马兄弟

洲赤鹿、獐鹿、麋鹿和驯鹿都是有蹄类动物家族的王者。

起初的现象现在开始展现自己的秘密——真正公开的秘密。

在有蹄类动物身上,直立的力量既向上运作,又向下运作。它在重力一极创造了蹄子,在浮力一极又创造了角。

角和蹄子一样,是乔装打扮的感觉器官,它们扩展了主体的敏感领域。牛羊角主要听从于身体,它轻轻地吸收流淌的血液,以及这至关重要的液体发出的咕噜声。鹿角则向外探知,留意裹挟着气味和颜色的气流。

这种极性也出现在构成牛羊角和鹿角的物质里,因为骨组织不同于皮肤与牛羊角。牛羊角常常呈现圆润的形状,鹿角则形同枝杈。鹿角展现了向外生长的力量,牛羊角则表现出切向力所制造出的闭合趋势。鹿角从中心往边缘生长,而牛羊角是由边缘往中心聚合的。鹿角里面承载着视觉的放射力,而牛羊角则承载着听觉的静止力。那么,蹄子呢?

鲁道夫·施泰纳在他的讲座里展示了我们如何能在中耳三块听骨的结构和组织中辨认出胳膊和腿部骨骼的转化痕迹。锤骨、砧骨和镫骨延伸在鼓膜和内耳之间,代表了脚和胫骨、膝盖骨和股骨的三个转化。

> 如同人类通过两条腿感知地面一样,它们通过小听骨的根部感受鼓膜。但是它们用来行走的脚的构造是粗糙的。通过脚底,它们只能粗略地感受地面,而有了这种耳朵里的(转化的)手或脚,它们能够持续感知鼓膜的微小颤动。

所有的有蹄类动物,尤其是马,都通过相似的方式感知脚下地面的振动。由于只用一根或两根脚趾接触地面,它们的行走更像是一种感觉过程,而非机械作用。只要你见过羚羊和雄鹿、獐鹿和岩羚羊跳跃和攀爬,你就难免会以为它们是在漂浮或滑行。岩羚羊在攀爬的时候几乎不用接触山体,羚羊则在广袤的草原上飞跃而过,就好像被浮力托着一般。蹄子在倾听，它能感受到地面在它的轻击下振动，使动物们感受到自己确实克服了重力。

当你看到马在追逐、奔跑、疾驰时，你会惊讶于它洪荒之力下的优雅。而且你会觉得蹄子击打地面的节奏和旋律是它们独特运动能力的必要组成部分。马的蹄子"听到"撞击发出的有节奏的声音，并以流畅的运动回应这种节奏。能听到声音的蹄子就像乐队指挥一般指挥着马儿运动的顺序。

马在步行和跳跃的过程中创造了自己的声音世界，这些被蹄子隐约感知着。牛羊角、蹄子和鹿角都是感觉器官。

马的步态

虽然马是体型最大的有蹄类哺乳动物之一，长着强有力的腿和庞大的身体，它的灵活性却是惊人的。优雅、狂躁、精致、暴怒、强大、缓慢、放松，这些只是它多面性的一部分。马统一了其他有蹄类动物特有的不同运动模式。这里的其他有蹄类动物指羚羊、奶牛、羱羊、长颈鹿和牛。因此，马也是唯一能够学会跟随音乐节拍运动的动物，还能在被训练后运用一些天生不具备的运动形式和步态。位于维也纳的西班牙皇家马术学校用利皮扎马将这一点发挥得淋漓尽致。观看这些骑术就像沉浸在美妙的音乐世界中。

通过灵活多变的运动能力，马在有蹄类动物中确认了自己的中心地位，它将其他物种各自具备的运动能力结合在一起。

马的身体又大又重，但它也具备相当的和谐性。虽然它们的前腿很细，前腿所支撑的身体又很大，头部很长，脖子很结实，它们仍然常常保持着优雅和高贵。它们的美丽与和谐更多地来自它们运动时的优雅，而非身体的构造。

马的天性中还存在内在的灵活性与敏感性。轻微的颤动持续地穿过身体，动脉时而出现在皮肤下，时而消失。皮肤本身形成了精致的皱纹和褶痕，随后又放松，就像感觉的波浪不断地在身体内部流淌。

第十一章 马兄弟

马的身体难道不正像一个乐器，它通过运动在乐器上演奏动人的旋律？从上面俯瞰，它的身体不正像一把大提琴吗？马的头部和颈部就像是大提琴的琴头和琴颈，而大提琴音箱那特殊的形状以及正背面的凸起曲线就像是马的躯体。

琴码所在的位置就是马鞍的安放处，马的身体的重心就在这个点下方。它位于背部与腹部连线的三分之二处，在身体内部的心脏区域。它们的腿就像琴弦，是运动的载体。运动在马的身体乐器上弹奏，马的身体在旋律中振动，蹄子这个感觉器官能够轻微地感知这运动所带来的振动。

就是从这一视角，我们才开始理解马的三四种自然步态。[1]根据个人倾向，对侧步可能被认为是或不是天生的步态。我们先不理会它，只考虑三种常常被用到的步态：慢步、快步和疾驰（慢跑也是疾驰的一种形式）。

慢步的特征是，两条腿不会同时移动。像所有的步态一样，动作是由身体一侧的后腿发起的，随后是另一侧的前腿。这是一种快速的交叉运动，使马能够稳定地前进。慢步不像另外两种步态，它与奔跑完全不同。

快步拥有不同的特征。虽然这种步态有各种变体，它的基本形式都是一样的：对角的两条腿，即右后腿和左前腿是同时移动的。一条腿接着一条腿地快速行走，在这里变成了两条腿接着两条腿地移动。在这种步态中，只能听到两次蹄子敲击地面的声音。

疾驰是一种非常复杂的移动方式。它依然由一侧的后腿发起，随后是另一侧的两条腿，最后由剩下的一条前腿结束。如果我们想象马儿漂浮在空气中，它们的后腿会先接触地面，然后才是对面一侧的两条腿，最后是前腿。

由于对侧步并非所有的马天生就会，我们这里描述它只为了追求

---

[1] 接下来的描述基于勒妮·杜布瓦·雷蒙（René du Bois-Reymond），《哺乳动物、鸟类、爬行动物和两栖动物的运动》(*Ortsbewegung der Säugetiere, Vögel, Reptilien und Amphibien*)，引自贝特（Bethe）与贝格曼（Bergmann）《正常和病理生理手册》(*Handbuch der normalen und pathologischen Physiologie*)。

介绍的完整性。在这种步伐中，一侧的腿同时移动，与另一侧的两条腿交替。于是，右侧的腿移动之后，左侧的腿会一起移动，以此类推。

如果我们要为这三种步态绘制一张图，它可能会是下面这样（1 和 2 指同时移动的腿的数量）：

慢步：1-1-1-1　　　1-1-1-1　　　1-1-1-1
快步：2-2　　　　　2-2　　　　　2-2
疾驰：1-2-1　　　　1-2-1　　　　1-2-1

从这张图我们可以清晰地看到这三种步态（对侧步只是快步的另一种形式）是三种完全不同的节奏——基于特定步态敲击地面的数量。慢步是 4/4 拍，疾驰是 3/4 拍，而快步是 2/4 拍。还有什么能比这些更生动地表现马的运动所具备的音乐性呢？

所有民间舞蹈的基础节奏都与此相同。华尔兹、两步舞、查尔达什舞以及许多类似的舞蹈都以这些节奏为基础。它们作为天生的节奏被刻入马的移动步态，于是这些动物成为节奏和节拍的自然传达者。四肢将它们表达出来，马的天性也在其中展现。慢步、快步和疾驰是所有音乐的三种原型节奏，马是它们的身体。另外，这身体还以弦乐器的形象呈现，这种乐器最初只表达出了节奏和节拍。

只有在长期、持续的训练后，马才能掌握人类创造的舞步。只有我们描述的以上三种节奏步态是它天生就擅长的。虽然马的运动有着相对多样性，我们从这里立刻就能看到它运动的有限范围。对于马来说，只有前进的运动是容易的，横向移动很难，大幅度向上和向下的移动也受到限制。因此，它们具有的节拍和节奏缺乏旋律可言，旋律只能通过人类的训练来达成。

马的脊椎是水平生长的。虽然它们的腿部吸收了直立的力量，但这种力量尚未掌控脊椎。正因这个原因，马身体内主要的对称面是矢状的，沿着脊椎将身体分成对称的两半。四条腿以它为中心，交替运动，而重心也在它的内部。

它的正切面可以理解为经过前腿的侧切面，与矢状面保持垂直。这个面在运动中往前推进，上下的移动也发生在这里。

另一方面，水平面是蹄子接触的地方。它被正切面和矢状面垂直

第十一章 马兄弟

切割,而这两个面就在它的上方向前移动。马的身体构成的乐器,以及在这乐器上弹奏的有节奏的运动,都刻画在这三个面上。

要想让这种节奏运动发出有旋律的声音,骑手就要爬到马背上去。只要有骑手的控制,步态和方向就会有效地创造出美妙旋律。现在,正切面穿过人体,把骑手和马合二为一。马制造节奏,骑手则创造出旋律,它们合为一体就成了和谐的音乐。这是骑马的诸多乐趣之一:人类和动物在一起变成了音乐——能够被体验的音乐。

唯有当人骑上马背之后,马才达到了圆满的境界。虽然马在自由的状态下也很美丽,但没有人类的加入,它们看起来是不完整和裸露的。它们只有通过人类才能获得圆满和完整。

马从不起眼的小生物发展而来。它们待在人类的身边,但直到很晚的时候,它们才成为我们的兄弟。然后它们在数千年的时光中与我们相伴,直到现代科技让它们再次远离了我们的工作环境。它们的节奏被二冲程发动机和四冲程发动机代替,而在发达国家,它们的力量已经基本无用武之地了。

人与马

人类与马之间在文明发展过程中形成的紧密生活圈在不同的语言中都有着传神的体现。在德语中,没有其他动物拥有这么多不同的名字。德国人不仅称呼马为"pferd",还叫它们"gaul"和"ross"。称它为"gaul"的地区主要分布在德国中部,南部的人称它为"ross",西部和北部的人则称它们"pferd"。① "gaul"这个词来源于中古高地德语,古意为雄性动物。"pferd"是从晚期拉丁语"veredus"中分出来的,意为驿马。而"ross",即古高地德语中的"ros",盎格鲁-撒克逊语中的"hors",以及英语中的"horse",可以追溯到意为"跳跃"的日耳曼语词汇。

如果你想感受这三个名称的内在含义,"gaul"可能更多地指向役

---

① 克卢格(Kluge),《词源词典》(*Etymologisches Wörterbuch*)。

畜，"ross"意为骑用动物，而"pferd"意为领路者。"ross"和"reiter"（骑手）是紧密相关的词语，而"gaul"则形容了动物被套上挽具竭尽全力拉车的形象，"pferd"包含了指路的意思。

在英语中，我们也能找到许多马的称呼。有一些区分了性向的词，比如"mare"（母马）、"stallion"（种马），以及"gelding"（去势的马）；年幼的马被称作"foal"（马驹），可能是"filly"（母马驹）或"colt"（雄马驹）；培育马的地方被称作"stud"或"stud-farm"（种马场）。

根据颜色的不同，马又被分为"chestnut"或"sorrel"（栗色马）、"bay"（枣红马）、"buck-skin"（鹿皮棕色马）、"roan"（杂色马）或"dun"（暗褐色马）。我们还会谈起年老的"nag""jade"或者"hack"（老马）。根据品种的不同，我们称呼它们"thoroughbreds"（纯种马）和"halfbreeds"（混血马），"cold-bloods"（冷血马）和"warm-bloods"（温血马），当然还有"ponies"（矮马）。

一些著名的马至今仍家喻户晓：例如，堂吉诃德的驽骍难得（Rocinante）和亚历山大的比塞弗勒斯（Bucephalus）。卡利古拉的马英西塔土斯（Incitatus）被主人赐予执政官的头衔，并享受执政官的尊荣和待遇。这些都是人与马之间建立的手足情谊的清晰例证。

日耳曼部落有一个公认的习俗，就是将战死的战士和他们的战马埋葬在一起。阿提拉（Attila）也与自己的马一同长眠。在古代丹麦，"在建设教堂之前，人们会将一匹活马埋在地基之下"[①]。

然而，如果你以为马从原始社会以来就陪伴着人类，那就大错特错了，历史和史前史的发现都否认了这一点。直到大约公元前3000年，马才成为家养动物和役畜。在这之前，人类曾捕猎它们。在西班牙、法国南部和中欧的洞穴中发现的许多石器时代的绘画都描绘了与欧洲野牛、猛犸象、大象和羱羊一起奔跑的野马。

在冰川时代的诸多阶段，野马和野生水牛都是人类食物最重要的来源。在更新世的一些人类聚居点，马的骨头摞成了堆。[②]

---

① 芬伯特（Finbert），《马》（*Pferde*）。
② 莱因哈特（Reinhardt），《农场动物的文化史》（*Kulturgeschichte der Nutztiere*）。

第十一章 马兄弟

那时候的野马比现代马拥有更大的头、更坚硬的牙齿和更强有力的颌部。通过骨头的遗骸判断，它们应该成群地生活在欧洲南部。它们逐渐从那里消失，退到北方的森林中。在那里，它们一直生活在野外，进入中世纪；直到 18 和 19 世纪，它们才彻底消亡。普林尼这么写道："在北方，你会发现成群的野马。"

赫里赛斯·罗斯林（Helisaeus Rösslin，他的名字意为"小马"），于 1593 年描述了弗日山脉（the Vosges）树林间的野马："在许多地方，与鹿相比，野马更具野性，天性更难以驾驭，也更难捕获。"然而，他的观点是，一旦野马被捕获，它们就是"能与西班牙马和土耳其马媲美的最棒的马"。

即便今天，可能还存在野马。塔盘野马就生活在俄罗斯东部的草原和森林。①它们是小型动物，长着细而有力的腿和长长的颈部。它们和驴子的外表比较接近，就像 1879 年在中亚首次发现的普氏野马。后者生活在小种群中，每个种群都由一头种马领导。

也许史前大洪水之后，所有的马和它们的后代都生活在吉尔吉斯人和鞑靼人所在的地方。这只是一种假设，但毫无疑问的是，北亚和中亚的蒙古人从很早的时候起就开始骑马了。只是在更晚的时间，马才进入文明国家。普利兹瓦尔德（Pritzwald）这样说明：

> 马并未算作苏美尔人和古巴比伦王国的家养动物，汉谟拉比并未把它作为家养动物列入法典。在埃及，直到喜克索人统治时期，以及在以色列人的早期历史中，它都是缺席的：族长雅各的财产所列举的所有家养动物中并没有马。②

还有一段描述告诉我们：

> 在古埃及王国，马并没有为人所知；驴是唯一用来负重

---

① 2013 年，中亚地区的野马被认为已经因大量捕猎而灭绝，只有圈养的普氏野马现存于世。在蒙古，目前人们在尝试让动物园中的动物回归野外。
② 普利兹瓦尔德，《农场动物的繁殖历史》（*Die Rassengeschichte der Wirtschaftstiere*）。

和工作的牲畜……直到公元前 17 世纪，喜克索人才将马从西亚带到尼罗河谷。在这里，马迅速适应了新的生存环境；随后，自十八王朝（公元前 1580 年—公元前 1350 年）图特摩斯和阿蒙霍特普统治时代起，尤其在十九王朝（公元前 1350 年—公元前 1205 年）拉美西斯和塞提的统治之下，它成了高度被重视的家养动物。①

那时候，马已经开始被用来拉战车，还拖着用于打猎的两轮车。同时，在巴比伦和亚述，它也被用于战争和打猎。几个世纪后，它才开始被用于骑行。那时候，除了埃及人，没有非洲人拥有马匹。希罗多德记述了薛西斯军队中的阿拉伯人都骑着骆驼打仗，"这些骆驼在速度上不输于马"。

直到希腊和罗马时代早期，马才首次被用于骑行。现在，人类一跃就跨到马背上，成为马的主人。帕特农神庙里壮观的浮雕刻画了小伙子们在泛雅典娜节的游行队伍中骑马的场景，标志着人类对马的控制成功了。

甚至在伊利姆的城墙之前，希腊人和特洛伊人并非在马背上，而是在马拉的战车上战斗。②

所有的事实都证实了马很晚才进入史前大洪水之后的人类文明史。直到公元前 2000 年中期，马才开始拉打猎和打仗用的车具。又过了一千年，人类才开始跨上马背，成为骑行者。

与此同时，蒙古人正骑在小马背上征服亚洲草原，而且定居在西方的日耳曼部落很可能用马来拉车和载人。在向着北欧迁徙的过程中，他们遇到了当地的野马，并将它们驯化。从他们的神话中可以看出，

---

① 莱因哈特，《农场动物的文化史》，189 页。
② 有关马的驯养最美丽，而且时至今日最珍贵的描述出现在维克托·黑恩（Victor Hehn）的著作中。他告诉我们："除了战争，荷马笔下的马未被用来骑乘。这一点在《奥德赛》第三卷中表现了出来，忒勒玛科斯与涅斯托尔的儿子庇西特拉图从皮洛斯前往拉刻代蒙，经过多山的伯罗奔尼撒，他站在马车上，而非骑在马背上穿越这崇山峻岭。"[黑恩，《农作物和宠物》（*Kulturpflazen und Haustiere*）]

第十一章 马兄弟

他们想象中的神明是骑着马的：奥丁和他的主人骑着圣马四处冲锋。他们有个习俗是在祭坛上将马献祭。在瑞典南部，人们发现了一只马的头骨，头骨里还插着一把匕首。

也许我们可以假设马融入人类历史有两条主线。野马从东方穿越亚洲草原，穿过突厥斯坦、波斯和今天的阿富汗到达巴比伦和亚述。它们成为轻便的马，用于战争和骑行。在另一边，北欧地区——斯堪的纳维亚半岛和俄罗斯北部——的野马被驯化，用作牺牲动物，逐渐成为受人喜爱的役马（gaul），条顿人则把它们当作家庭成员。

莱因哈特对此也有相似的假设：

> 东方的马，或者说"温血"马，在骨骼构造方面和驴子比较接近，是所有用于骑行和拉车的快马的祖先。外形不那么优雅，但更加强壮的西方"冷血"马是高大的德国役马的先祖，它们曾载着中世纪骑士和他们的盔甲——这盔甲对人和马来说都不轻。[1]

为何人类很晚才开始骑马呢？答案众说纷纭。在史前时代，马曾是神圣的动物。在印度和波斯，人们把马和神灵联系在一起。因陀罗骑着马跨越天国，拉着太阳战车的是马，拉着月亮穿越太空的也是马。这些神圣动物应该被人类骑乘吗？它们只能作为牺牲被供奉给骑神马的神灵。

然而，随着神势力逐渐衰退，人类认识能力逐渐被唤起，马从而被驯化、套上笼头和挽具，用于拉车。它们的力量开始为人所用。再后来，随着神秘的庙宇逐渐关闭大门，逻辑之光在苏格拉底、柏拉图和亚里士多德身上闪现，人类才开始跨上马背，成为马的主人。

鲁道夫·施泰纳曾多次提到这一人类发展路径。在他的《哲学之

---

[1] 莱因哈特，《农场动物的文化史》，203 页。

谜》的导言部分，我们读到：

> 正是在希腊，人类渴望生来就通过一种元素理解世界和世界的法则，这种元素就是我们现在认为的思想。①

在《宇宙、地球和人类》中，他说道：

> 我们看到曾经生活在当今爱尔兰周边的少数人……已经掌握了在后继文化时代中逐渐显现的能力……这些能力由逻辑思考和判断构成。在这之前，这样的能力还不存在；如果思想存在，它就已被证实。判断力的萌芽出现在了这少数人中间，他们将这个萌芽从西方带到东方。通过迁徙，其中一条路线往南抵达印度，逻辑思考被介绍进入波斯文化。在第三个文化时代——迦勒底王朝，这种逻辑思考变得更加强大，直到希腊人将它发展成了伟大的亚里士多德哲学丰碑。②

现在，我们已经了解到思想如何在人类的发展过程中展现。在其中，我们能够轻易地辨认出发生在人类与马逐渐相遇表面下的内核。

少数闪米特人先祖和始祖马、渐新马与山马同时出现。闪米特人先祖和三趾马向东迁徙。马一直待在他们周围，等待进一步的接触。它们携带了无形的思想力量，这些思想力量会缓慢地在人类意识中觉醒。

人类的头脑逐渐成为思想的载体。在希腊，这个过程日臻完美。马成为坐骑，而人类则是骑行者——骑士。

人类带着亚里士多德的逻辑，踏上大地成为这里的主人。作为亚里士多德的学生，亚历山大能够驯服比塞弗勒斯，因为他让马和逻辑都为自己所用。他成为人类的第一个骑士。

---

① 施泰纳，《哲学之谜》（*Riddles of Philosophy*），6页。
② 施泰纳，《宇宙、地球和人类》，1908年8月16日的演讲。

第十一章　马兄弟

神话中的马

在希腊的神祇和英雄世界中不乏马的形象。它们变化成各种样子伴随着凡人与神。从幽深的地下到高远的天上，它们为这纷繁的世界增添了世俗感和理智。人只要运用智慧和力量就能征服马的野性和蛮力。从波塞冬的变化艺术到奥德修斯的足智多谋，人和有蹄类动物之间的斗争一直是希腊马神话的中心议题。

用蹄子踩踏着大地、用火一般的激情搅动着海水的充满野性、难以驾驭的生物臣服于波塞冬。波塞冬变化成种马的样子，接近地母神得墨忒耳（Demeter），她允许他与自己交配，并为他生下一个女儿，女儿的名字不能在秘密仪式之外说出。从她的子宫中还跳出了著名的黑鬃马阿瑞翁（Arion），它如风般迅猛。

波塞冬和马的亲密就如同得墨忒耳与谷物的亲密。自从他娶了安菲特里忒（Amphitrite），成为海神，就出现了"马兽—半马半鱼（像蛇一样的鱼）—海中半人半马兽（她们下面的动物身体是马和鱼的结合体），即俄刻阿尼得斯（Oceanides）和涅瑞伊得斯（Nereides），她们的名字反映出她们母马的本质：比如希波（Hippo）、希波诺厄（Hipponoe）、希波托厄（Hippothoe）和马尼普（Manippe）"[①]。

我们可以看到波塞冬和他的祭品身上表现出的狂风骤雨般的烈马性情。

鲁道夫·施泰纳这样形容古希腊人所感受到的波塞冬的力量：

> 他（希腊人）在潮涨潮落中、在肆虐的暴风雨和飓风中感受到和我们体内一样活跃的力量，即我们怀着持续的情感，当情绪和习惯充溢着我们的回忆所感受到的力量……[②]

俄刻阿尼得斯和涅瑞伊得斯代表了未被澄清和净化的野性力量。

[①] 克雷尼，《希腊诸神》(*The Gods of the Greeks*)。
[②] 施泰纳，《世界奇观》，1911年8月25日的演讲，53页。

它们寻求被驯服和转化。希腊神话就指向了这一点。

波塞冬的儿子、西绪福斯的外孙柏勒洛丰（Bellorophon）渴望拥有一匹长翅膀的马。他的父亲给了他永生的珀加索斯。然而，珀加索斯也是波塞冬的儿子，也就是柏勒洛丰的兄弟。在原始时代，戈耳戈依然光芒四射、美丽非常，波塞冬爱上了她们其中一位——美杜莎（Medusa）。在很长一段时间里，她隐藏着腹中发育的孩子。直到忒修斯（Theseus）把她斩首，长着翅膀的珀加索斯才从她流血的脖子中跳出来。就这样，马从幽深的黑暗来到光明之中。

凡人英雄柏勒洛丰一开始无法驯服他的兄弟珀加索斯。然而，他前往雅典娜的祭坛求助，雅典娜给了他一个金色的守护坠。"英雄跨上神圣的坐骑，佩戴着盔甲与马一起跳起战舞，向女神致敬。"①

于是，马在跳出幽深之地后，被一个人驯化和骑乘了，这个人获得了智慧女神的帮助，并获得智慧女神所赐的"金色"守护坠。

有了被授予的力量，他做起事来令人想到赫拉克勒斯（Herakles）。他的胜利（他还与亚马孙人战斗）如此伟大，于是赢得吕喀亚（Lycia）国王的女儿为妻。

然而，随后刚刚觉醒的思想力量开始报复。他心里生起疑问："世上真的存在神吗？"他希望找到这个问题的答案，于是跨上珀加索斯前往奥林匹斯山，想要对众神一探究竟。这就太出格了。天马将这糊涂的骑者摔了下来。赫拉克勒斯落到地面上，落在阿莱昂平原（"毫无目的地漫游"平原）上，摔瘸了腿。思想中的怀疑和顾虑就这样将我们从认知的高点推向无知的万丈深渊。

正是赫拉克勒斯成为马的真正主人。他驯服了狄俄墨得斯的马：这是他要完成的十二项任务中的第七个。这些怪兽像珀加索斯一样长着翅膀，和哈比、戈耳戈和厄里倪厄斯也有关联：它们都吃人肉。它们的主人狄俄墨得斯是阿瑞斯的儿子。赫拉克勒斯杀死了他，把他的尸体抛向马群。于是，马就这样被驯服了，他才得以把马群带到迈锡

---

① 克雷尼，《希腊英雄》（The Heroes of the Greeks），81 页。

第十一章　马兄弟

尼。据说亚历山大的马比塞弗勒斯就来自这个马群。

　　神秘的马的另一面在半人半马的故事中代代相传。它们的起源与赫拉有关：在身属宙斯之前，赫拉已经受孕于巨人——可能还受孕于其他的原始力量——并生下了半人半马兽。这些长着一半马一半人的身体的生物，正处于将动物天性转化成人性的过程中。它们中的其中一位，喀戎（Chiron），成为阿斯克勒庇俄斯的老师，因为他还拥有神的智慧。他通晓魔法和草药疗愈术。有时候他还以弹奏里拉琴的形象出现。他是俄耳甫斯的学生吗？

　　我们从希腊神话世界得知的马的天性。它透过那个年代逐渐消失的图景散播出来，交给人类一个任务，即遇见他们自身的天性。雅典娜、赫拉克勒斯、柏勒洛丰、半人半马兽以及波塞冬，他们都出现在表现这些神话的戏剧当中。在这些戏剧中，我们了解到人性如何在过去将马的天性从自身驱逐，人类从而被赋予智慧的力量。